동물보건 실습지침서

동물보건응급간호학 실습

이종복 · 정연우 저

김혜진 · 손부용 · 조현명 감수

박영story

머리말

최근 국내 반려동물 양육인구 증가에 따라, 인간과 더불어 사는 동물의 건강과 복지 증진에 관한 산업 또한 급성장을 이루고 있습니다. 이에 양질의 수의료서비스에 대한 사회적 요구는 필연적이며, 국내 동물병원들은 동물의 진료를 위해 진료 과목을 세분화하고, 숙련되고 전문성 있는 수의료보조인력을 고용하여, 더욱 체계적이고 높은 수준으로 수의료진료서비스 체계를 갖추고 있습니다.

2021년 8월 개정된 수의사법이 시행됨에 따라, 2022년 이후부터는 매년 농림축산식품부에서 주관하는 국가자격시험을 통해 동물보건사가 배출되고 있습니다. 동물보건사는 동물에 대한 관찰, 체온·심박수 등 기초 검진 자료의 수집, 간호판단 및 요양을 위한 간호 등 동물 간호 업무와 약물도포, 경구투여, 마취·수술의 보조 등 동물 진료 보조 업무를 수행하고 있습니다.

동물보건사 양성기관은 일정 수준의 동물보건사 양성 교육 프로그램을 구성하고, 동물보건사 필수교과목에 해당하는 교내 실습교육이 원활하고 전문적으로 이뤄질 수 있도록 교육 시스템을 마련해야 할 것입니다. 본 실습지침서는 동물보건사 양성기관이 체계적으로 동물보건사 실습교육을 원활하게 지도할 수 있도록 학습목표, 실습내용 및 준비물 등을 각 분야별로 빠짐없이 구성하였습니다. 또한 학생들이 교내 실습교육을 이수한 후 실습내용 작성 및 요점 정리를 할 수 있도록 실습일지를 제공하고 있습니다.

앞으로 지속적으로 교내실습 교육에 활용할 수 있는 교재로 개선해 나갈 것이며, 이 교재가 동물보건사 양성기관뿐만 아니라 동물보건사가 되기 위해 준비하는 학생들에게도 유용한 자료가 되기를 바랍니다.

2023년 3월

저자 일동

학습 성과	

학 교	
실습학기	
지도교수	
학 번	
성 명	

실습 유의사항

실습생준수사항

1. 실습시간을 정확하게 지킨다.
2. 실습수업을 하는 동안 항상 실습지침서를 휴대한다.
3. 학과 실습 규정에 따라 실습에 임하며 규정에 반하는 행동을 하지 않는다.
4. 안전과 감염관리에 대한 교육내용을 사전 숙지한다.
5. 사고 발생시 학과의 가이드라인에 따라 대처한다.
6. 본인의 감염관리를 철저히 한다.

실습일지 작성

1. 실습 날짜를 정확히 기록한다.
2. 실습한 내용을 구체적으로 작성한다.
3. 실습 후 토의 내용을 숙지하여 작성한다.

실습지도

1. 학생이 이론과 실습이 균형된 경험을 얻을 수 있도록 이론으로 학습한 내용을 확인한다.
2. 실습지침서에 기록된 사항을 고려하여 지도한다.
3. 모든 학생이 골고루 실습 수업에 참여할 수 있도록 지도한다.
4. 학생들의 안전에 유의한다.

실습성적평가

1. ______시간 결석시 ______점 감점한다.
2. ______시간 지각시 ______점 감점한다.
3. ______시간 결석시 성적 부여가 불가능(F) 하다.

* 실습성적평가체계는 각 실습기관이 자체설정하여 학생들에게 고지한 후 실습을 이행하도록 한다.

주차별 실습계획서

주차	학습 목표	학습 내용
1	응급동물환자 평가하기	- 응급동물환자 평가법 - 응급동물환자 분류법
2	활력징후(vital signs) 체크하기	- 체중, 체온, 심박수, 호흡수, 모세혈관재충만시간(CRT) 측정법 - 혈압(blood pressure) 측정법
3	심폐소생술 보조하기	- 기도확보 및 삽관을 보조하는 방법 - 산소 공급 방법 - 심장마사지를 실시하는 방법 - 모니터링 장비를 장착하는 방법
4	응급동물 모니터링 하기	- 심전도(ECG) 기구 장착 및 확인 방법 - 산소포화도(SpO_2) 기구 장착 및 확인 방법 - 연속 체온측정기 장착 및 확인 방법
5	수액/수혈 치료 보조하기	- 카테터(catheter) 장착 준비 - 수액(fluid) 연결 준비 - 인퓨전 펌프(infusion pump) 작동법 - 시린지 펌프(syringe pump) 작동법 - 수혈의 준비
6	응급카트 관리하기	- 각종 응급장비의 구별 - 응급장비의 작동상태 확인 방법
7	응급 약물 준비 및 관리하기	- 응급 약물의 종류 - 응급 약물의 준비
8	호흡기/심장 응급동물 처치 보조하기	- 산소 공급 방법 - 삽관 준비 방법 - 삽관된 환자 호흡 모니터링 방법
9	아나필락시스(anaphy-laxis) 상태인 응급동물 처치 보조하기	- 아낙필락시스 동물환자의 확인 - 아낙필락시스 동물환자 처치 보조
10	중독 응급동물 처치 보조하기	- 응급 혈액검사 방법 - 위세척 준비
11	열사병/저체온증 응급동물 처치 보조하기	- 체온을 낮추는 방법 - 체온을 높이는 방법

주차	학습 목표	학습 내용
12	교상 응급동물 처치 보조하기	- 손상된 부위를 지혈하는 방법 - 손상된 부위의 확인 및 세척 방법 - 손상된 부위에 붕대 감는 방법
13	이물 섭취 응급동물 처치 보조하기	- 이물 위치 확인 검사를 보조하는 방법 - 방사선 검사(X-ray) 및 내시경 장비를 보조하는 방법
14	발작 응급동물 처치 보조하기	- 혈당 수치 측정 준비 - 발작/경련 환자에 사용되는 약물의 준비 - 발작/경련이 있는 경우 추가적인 손상을 예방하는 방법
15	비뇨기 응급동물 처치 보조하기	- 소변의 존재 여부를 확인하는 방법 - 요카테터 장착 준비 - 요카테터 유지 및 배뇨량을 확인하는 방법
16	안과 응급동물 처치 보조하기	- 각막 형광염색을 보조하는 방법 - 안압 측정을 보조하는 방법 - 안구 돌출시 처치를 보조하는 방법
17	사지마비 응급동물 처치 보조하기	- 마비된 응급동물의 운반법 - 마비된 응급동물에게 필요한 검사 준비
18	교통사고 응급동물 처치 보조하기	- 교통사고 동물환자의 운반법 - 교통사고 동물환자에게 필요한 검사 준비
19	화상 응급동물 처치 보조하기	- 화상 동물환자의 초기 처치 준비 - 화상 동물환자의 드레싱 준비
20	탈장 응급동물 처치 보조하기	- 탈장된 부위를 확인하는 방법 - 탈장된 동물환자의 처치 준비

차례

응급동물환자의 평가

응급처치의 기본원리 및 모니터링

응급실 준비 및 응급약물 관리

응급상황별 이해 및 처치 보조

동물보건 실습지침서

동물보건응급간호학 실습

박영story

학습목표

- 응급동물환자 평가하기
- 응급동물환자 분류하기
- 체중, 체온, 심박수, 호흡수, 모세혈관재충만시간(CRT) 측정하기
- 다양한 혈압(blood pressure)계로 혈압 측정하기

PART 01

응급동물환자의 평가

01

응급동물환자의 평가

실습개요 및 목적

응급실에 내원한 환자를 신속하게 평가가 이루어져야 한다. 수의사의 즉각적인 처치가 필요할 정도로 생명에 위협이 있는 상태인지 평가한다. 환자의 호흡기, 심혈관, 신경계 및 비뇨생식기계를 평가하고 호흡음을 청취하면서 호흡의 패턴과 속도를 확인하여 환자의 상태를 국소화한다.

실습준비물

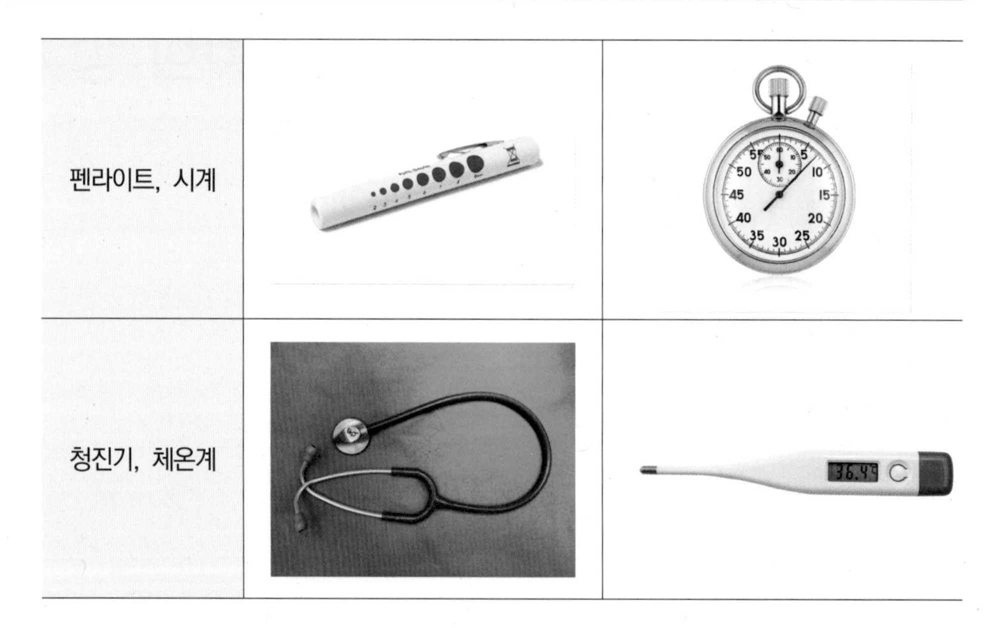

펜라이트, 시계		
청진기, 체온계		

- 문진표(예시, from NCS)

기본 문진표

보호자 정보
- 이름:
- 주소:
- 연락처:
- E-mail:

환자 정보
- 이름:
- 나이 or 생년월일:
- 성별:
- 동물종류 및 품종:
- 중성화수술 유무: Y / N
- 마이크로칩 유무: Y / N

1. 주거지 내 다른 반려동물을 더 기르고 계신가요?
(기르고 계시다면 동물의 종류, 품종, 마리수를 적어 주세요)

2. 급여하는 음식은 어떤 것입니까?
1) 시판되는 사료 → 문제3을 작성
2) 기타 ( ) → 문제4를 작성

3. 사료의 경우, 회사명과 제품명을 적어주세요.

4. 사료나 음식 일일 급여 횟수
1) 하루 한 번 2) 하루 두 번 3) 하루 세 번 이상 4) 자율배식

5. 하루에 얼마 정도의 사료나 음식을 급여하십니까?

6. 간식을 주십니까? 간식을 주신다면 어떤 간식을 어느 정도 주십니까?

7. 현재 복용중인 영양제와 보조제가 있다면 적어주세요.

8. 최근에 체중의 변화가 있었나요?
1) 체중 증가 2) 체중 감소 3) 변화 없음

9. 식욕의 변화가 있었나요?
1) 식욕 증가 2) 식욕 감소 3) 변화 없음

10. 최근 구토나 설사가 있었나요?
1) 구토가 있었음 2) 설사가 있었음 3) 구토나 설사가 없었음

11. 양치질은 어떻게 하십니까?
1) 식사 후 매번 2) 하루 한 번 3) 며칠에 한 번 4) 하지 않음

12. 스케일링은 언제 받으셨나요?
1) 1년 이내 2) 2년 이내 3) 3년 이내 4) 하지 않음

13. 목욕은 얼마나 자주 하시나요?
1) 1주일에 두 번 이상 2) 1주일에 한 번 3) 2주일에 한 번 4) 기타

14. 놀이나 운동은 얼마나 자주 시키시나요?
1) 주 3회 이상 2) 주 1~2회 3) 주 1회 미만

15. 최근에 접종한 예방접종약을 체크해주시고, 접종일을 적어주세요.
(예방접종 양식 활용)

16. 정기적으로 심장사상충 예방약을 투약하십니까?

17. 정기적으로 외부기생충 구제제를 사용하십니까?

실습방법

1. 일차평가(A CRASH PLAN)을 빠르게 체크하기
   - A: "기도가 막혀있는가?" 환자를 우측 횡와위로 눕히고, 기도 내에 이물 확인하기
   - C: "심장이 뛰고 있는가?" 환자의 좌측 겨드랑이에 청진기를 대고 심박 확인하기
   - R: "호흡은 하고 있는가?" 청진기와 더불어 흉곽의 움직임을 확인하기
   - A: "복부에 이상이 있는가?" 청진기와 타진을 이용하여 통증이 있는지? 복수 또는 가스가 차있는지 확인하기
   - S: "척추에 이상이 있는가?" 척추의 대칭성을 확인하고 통증이나 부종이 있는지 확인하기
   - H: "머리에 이상이 있는가? 의식 상태는?" 눈, 귀, 입, 치아, 코를 확인하고 모든 뇌신경을 검사하기
   - P: "골반과 항문 주위에 외상이 있는가?" 직장, 외부 생식기의 골절 또는 출혈 확인하기
   - L: "사지에 형태적 이상이 있는가?" 사지의 골절을 확인하고 추가 손상을 방지하기 위해 부목으로 고정하기
   - A: "탈수나 쇼크의 징후가 있는가?" 맥박과 혈압을 촉진하고 탈수 정도 확인하기
   - N: "다리나 꼬리 등에 마비가 있는가?" 망진을 통해서 의식, 행동 및 자세를 확인하기

실습 일지

실습 날짜	. . .

실습 내용	
토의 및 핵심 내용	

교육내용 정리

활력징후(vital signs)의 체크

실습개요 및 목적

환자의 호흡기, 심혈관 및 신경계에 영향을 미치는 특정 징후를 식별할 수 있어야 한다. 환자를 눈으로 면밀이 검토하고 신체적 징후를 파악해 수의사에게 진단적 가치가 있는 정보들을 제공할 수 있어야 한다. 환자의 의식 상태를 확인하고, 심박수, 호흡수, 체온, 모세혈관재충만시간, 점막의 색상들을 파악한다.

실습준비물

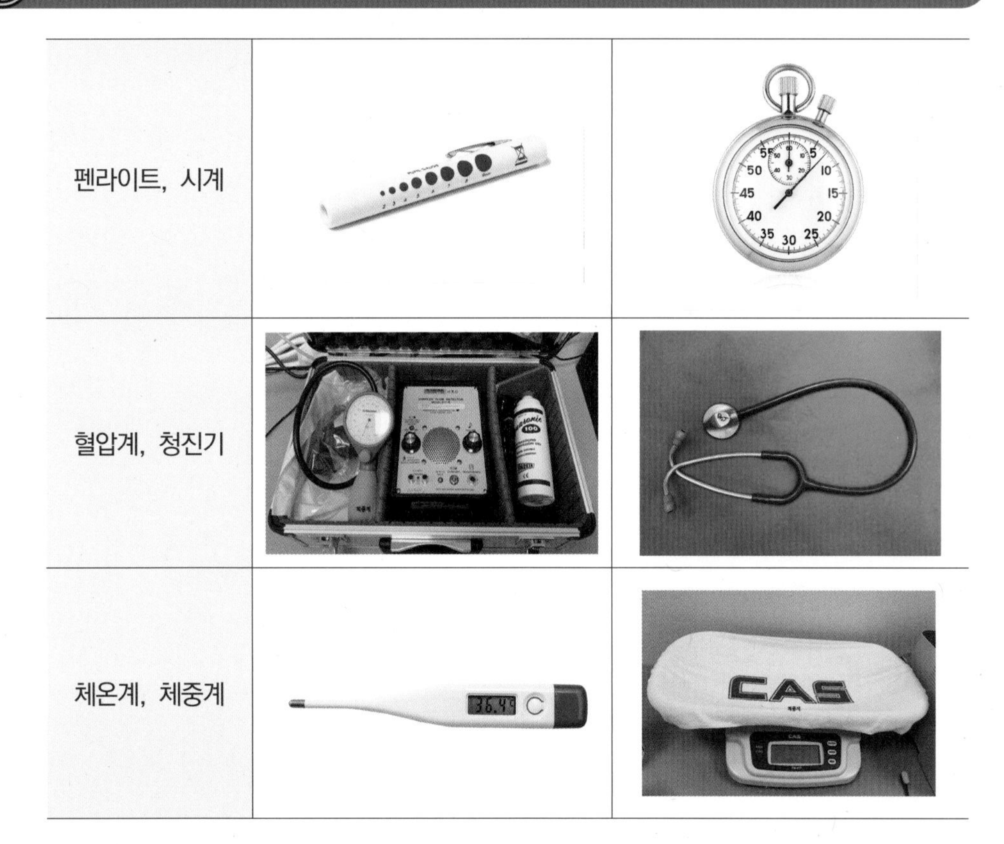

펜라이트, 시계		
혈압계, 청진기		
체온계, 체중계		

실습방법

1. 체중을 측정하기
2. 직장 체온을 측정하기
3. 환자가 안정된 자세에서 청진을 통해 호흡수와 이상 호흡음을 청진하기
4. 환자의 대퇴동맥을 손으로 촉진한 상태로, 청진을 통해 심박수와 심장의 이상 리듬 및 잡음이 있는지 확인하기
5. 환자에 앞다리의 두께에 맞는 커프를 장착하고 도플러 혈압기로 혈압을 측정하기
6. 구강 점막 또는 질점막에서 모세혈관재충만시간(capillary refill time, CRT)과 점막색이 1.5초 내로 돌아오는지 확인하기

실습 일지

실습 날짜	. . .

실습 내용	
토의 및 핵심 내용	

교육내용 정리

메모

학습목표

- 기도확보 및 삽관 보조하기
- 환자에 산소 공급하기
- 심장마사지 실시하기
- 모니터링 장비 장착하기
- 심전도(ECG) 기구 장착 및 확인하기
- 산소포화도(SpO_2) 기구 장착 및 확인하기
- 연속 체온측정기 장착 및 확인하기
- 카테터(catheter) 장착 준비하기
- 수액(fluid) 연결 준비하기
- 인퓨전 펌프(infusion pump) 작동하기
- 시린지 펌프(syringe pump) 작동하기
- 수혈 준비하기

PART 02

응급처치의 기본원리 및 모니터링

01

심폐소생술 보조

실습개요 및 목적

심폐정지는 응급실에서 언제든지 발생할 수 있는 응급상황이다. 응급실에 준비된 장비와 약물을 이해하고 신속하고 효율적으로 상황을 대처하는 것이 중요하다. 수의사와 한팀이 되어 유기적으로 흉부 압박, 기관 삽입, 수동 인공호흡 과정뿐만 아니라 기본적인 생명 유지 장치의 사용에 대한 숙지가 필요하다.

실습준비물

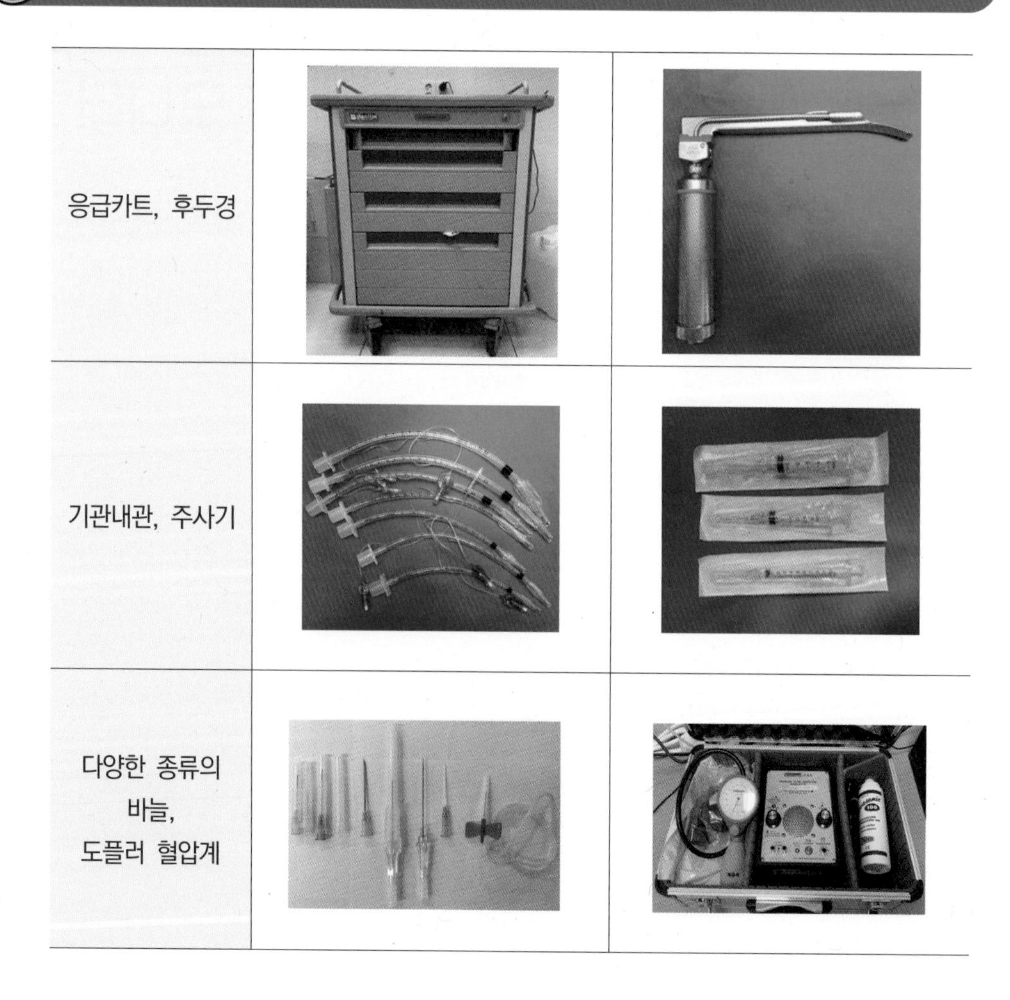

산소통 및 산소유량계, 앰부 백		
석션기, 심전도(ECG)기, 카프노그래프, 산소포화도 측정기를 포함한 모니터링 장비		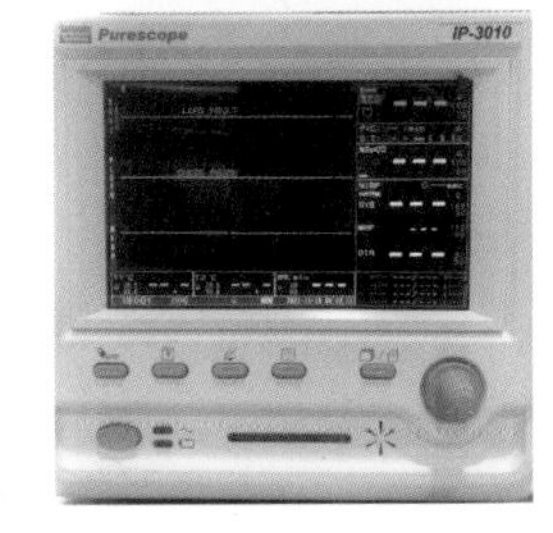
제세동기, 응급약품	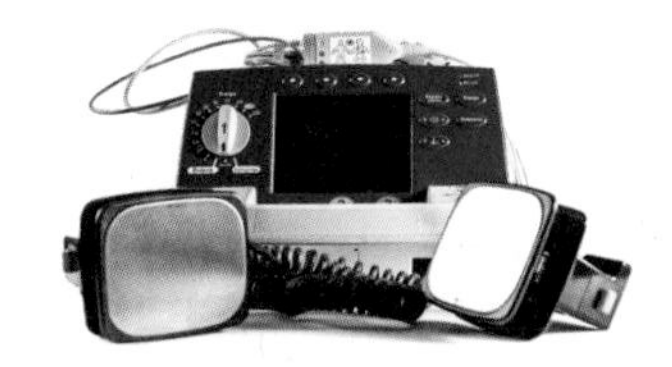	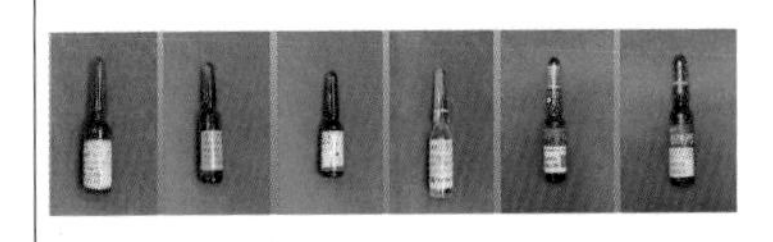

실습방법

1. 개를 오른쪽으로 눕히고, 실습자는 개의 등쪽에 무릎을 굽혀 앉기
2. 개의 입, 코, 흉곽 움직임 등을 통해 호흡하는지 확인하기
3. 호흡이 없다면 혀를 손으로 잡아 빼고, 머리를 몸통과 수평으로 유지하여 기도확보하기
4. 구강 또는 목에 이물질 확인하기
5. 한 손으로 개의 입을 감싸고, 코를 통해 호흡을 불어넣기(분당 10회 실시)
6. 맥박이 없다면 심장마사지 준비하기
7. 개의 어깨 뒤쪽, 늑골 2/3 지점에 한쪽 손을 대고 다른 손을 위에 올려 깍지를 끼기
8. 팔꿈치를 펴고, 분당 100~120회 실시
9. 최소 2분간 실시하기
10. 환자 재평가 하기(호흡, 심박동, 의식 유무 등)

실습 일지

실습 날짜	. . .

실습 내용	
토의 및 핵심 내용	

교육내용 정리

02

응급동물 모니터링

실습개요 및 목적

응급환자의 상태를 회복시키기 위해서는 증상에 대한 반응보다 증상을 예측할 수 있어야 한다. 장기 부전이 발생하기 전에 동물을 효과적으로 치료하기 위해서는 응급환자의 적극적인 모니터링이 필요하다. 응급상황에서 발생할 수 있는 심혈관계, 호흡계, 위장관계 증상들을 이해하고, 수의사의 지시에 따라 진단 절차와 치료가 이루어지도록 환자를 모니터링 해야 한다.

실습준비물

응급카트, 후두경		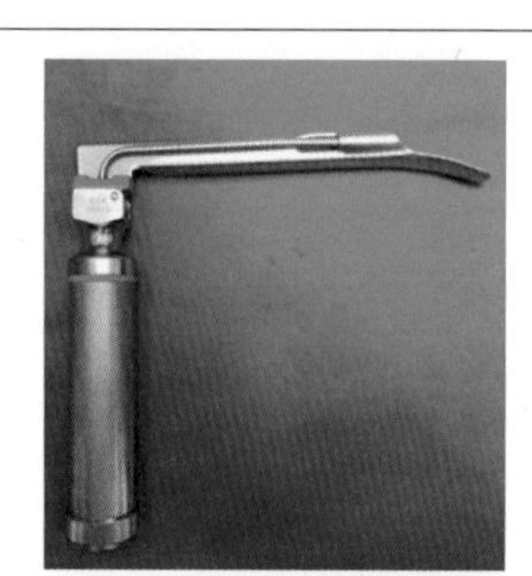
기관내관, 주사기	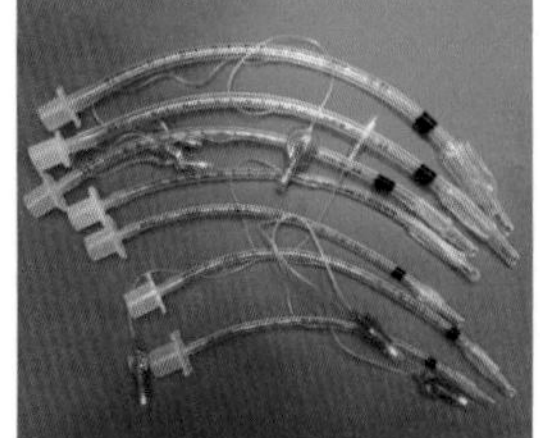	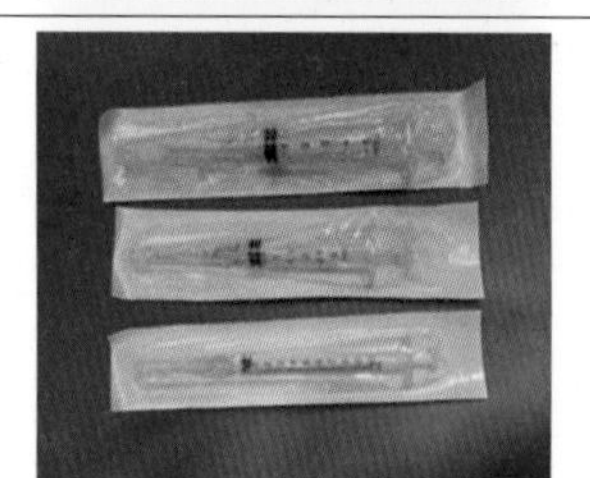
앰부 백, 심전도(ECG)기, 카프노그래프, 산소포화도 측정기를 포함한 모니터링 장비		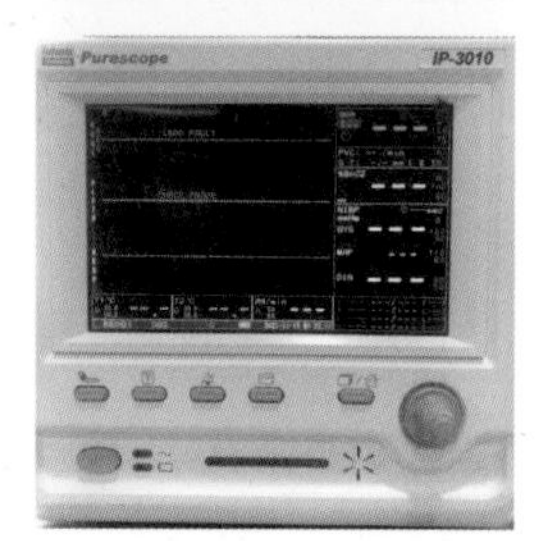

도플러 혈압계	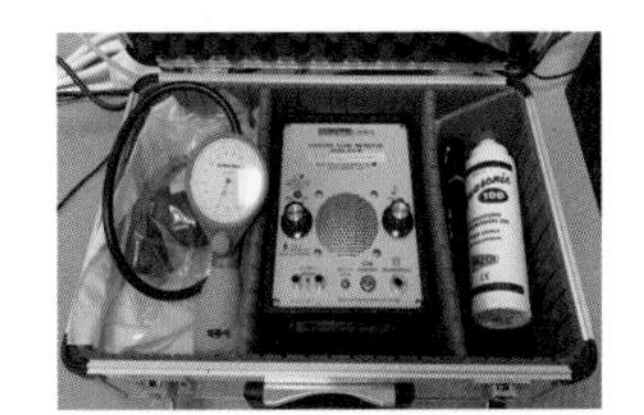	

실습방법

1. 수의사에 지시에 따라, 기관내관(ET tube) 삽관을 준비하기
2. 환자를 흉와위 자세를 취하고 왼손으로 윗턱을 잡고, 오른손으로 거즈를 이용해 혓바닥을 아래로 당기기
3. 삽입된 기관내관(ET tube)을 고정하기
4. 환자를 오른쪽으로 눕히고 모니터링 장비의 리드선을 사지에 연결하기
5. 산소포화측정기의 센서를 귀, 혀, 생식기 등 피부가 얇고 털이 없는 곳에 장착하여 고정하기
6. 카프노그래프를 기관내관(ET tube)에 연결하기
7. 연속 체온계 센서에 윤활제를 바른 후 항문에 삽입하기
8. 모니터링 장비의 전원을 켜고 실시간으로 수치를 확인하기

실습 일지

실습 날짜	. . .

실습 내용	
토의 및 핵심 내용	

교육내용 정리

03

수액/수혈 준비 및 보조

실습개요 및 목적

동물보건사는 수액 요법에서 중요한 역할을 담당한다. 수액 요법 전에 채취된 혈액의 검사, 처치전 환자의 평가, 수액 요법 준비, 정맥 투여를 위한 보정, 안전한 수액 관리 및 환자의 모니터링 등이 포함된다.

실습준비물

주사기, 루어락 캡	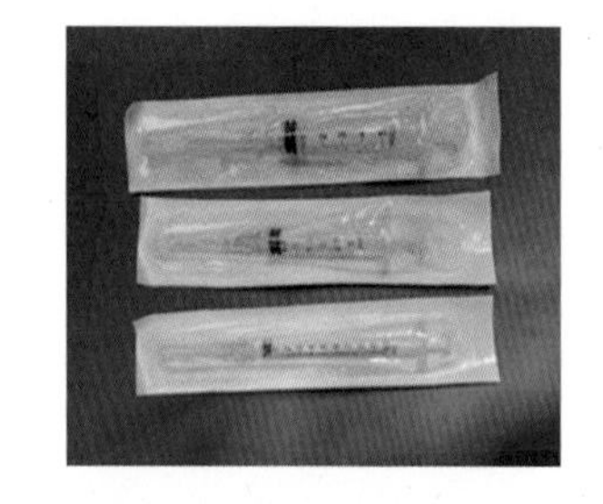	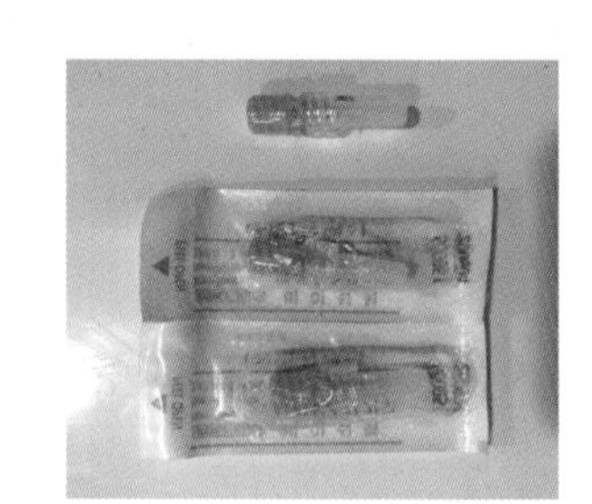
종이테이프, IV카테터	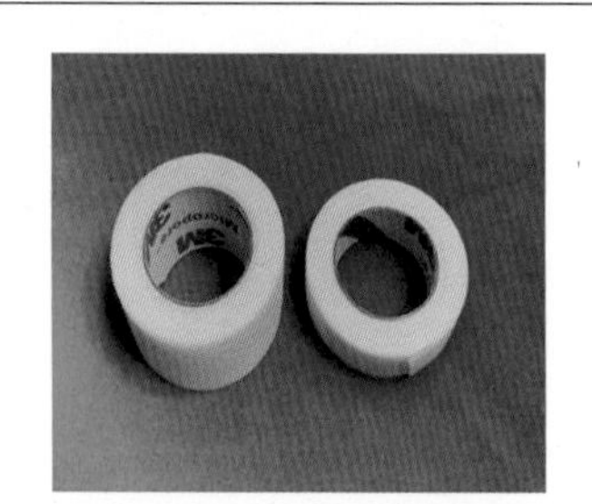	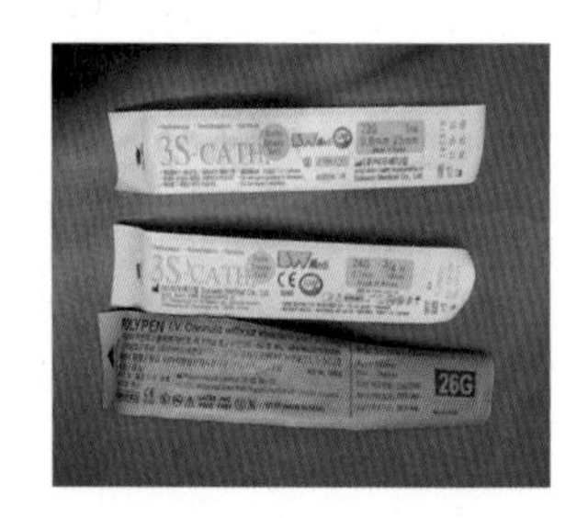
수액세트, 수혈세트	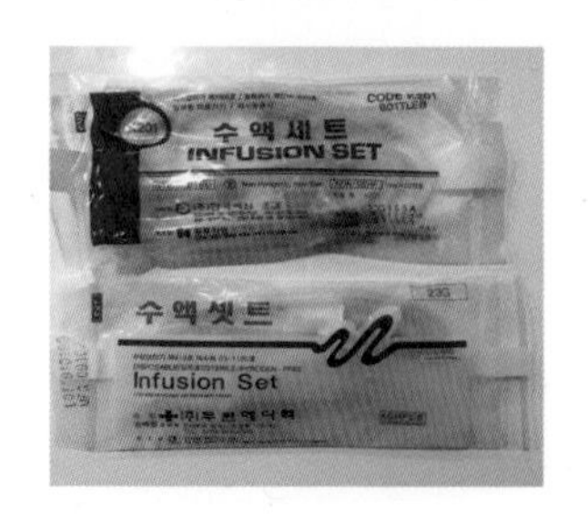	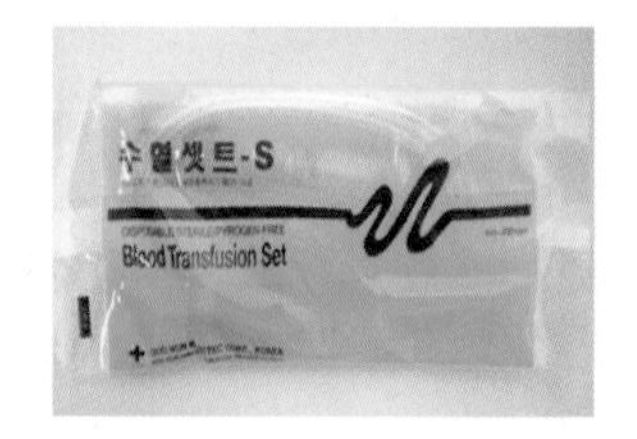

수액연장선, 인퓨전펌프	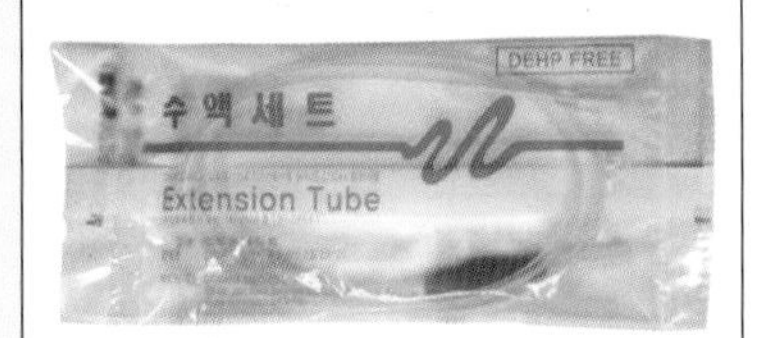	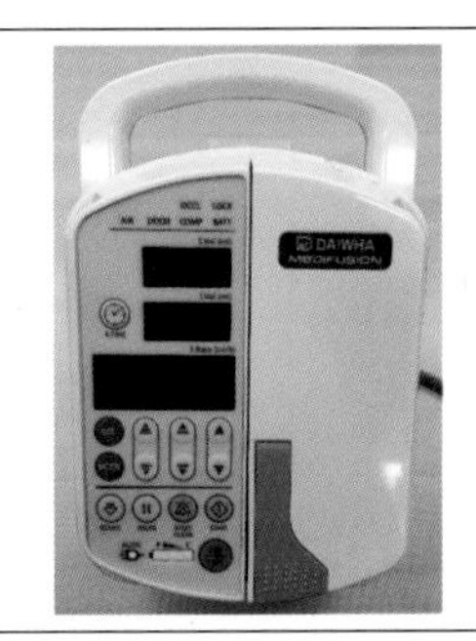
시린지펌프	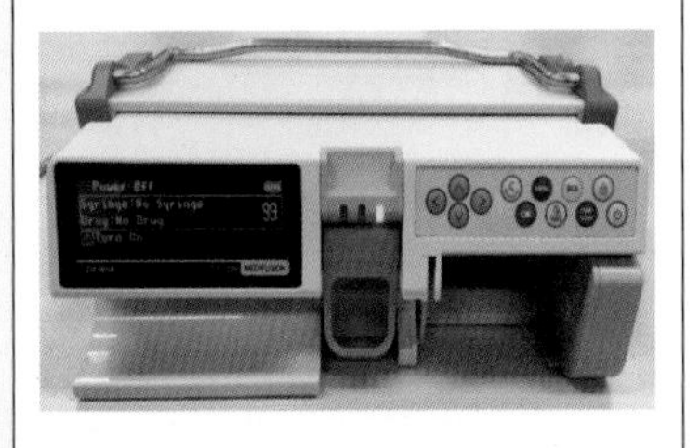	

실습방법

1. 수의사의 지시에 따라 투여할 수액을 높은 곳에 고정하고 기포가 포함되지 않게 수액세트와 연결하기
2. 환자의 크기와 상태에 맞게 IV 카테터를 준비하기 (게이지가 작을수록 바늘의 내경이 커진다)
3. IV 카테터 장착을 위해 수의사를 도와 보정하기
4. 인퓨전 펌프와 시린지 펌프를 연결하여 수액을 세팅하기
5. 펌프가 없을 경우, 수액세트의 유량조절기로 수액속도를 조절하기
6. 수혈이 필요한 경우, 환자와 투여할 혈액의 혈액형을 검사하기

실습 일지

실습 날짜	. . .

실습 내용	
토의 및 핵심 내용	

교육내용 정리

학습목표

- 각종 응급 장비를 구별하고 작동상태 확인하기
- 응급 약물의 종류를 구분하고 준비하기

PART 03

응급실 준비 및 응급약물 관리

01

응급카트의 관리

실습개요 및 목적

응급 카트는 다양한 응급 상황에 대비한 의료 장비와 소모품이 구비된 이동형 소형 이동장이다. 응급 카트에는 응급 약물, 정맥 카테터 및 수액, 제세동기가 포함된다. 동물보건사는 이 물품들이 언제든지 사용할 수 있도록 준비 유지해야 하며, 각 항목들이 어디에 있는지 숙지하고 있어야 한다. 물품의 체크리스트, 응급상황에 맞는 순서도 및 보조 기구들이 사용하기 편리하게 정리되어 있으면 응급환자 소생률이 높아진다.

실습준비물

응급카트, 후두경		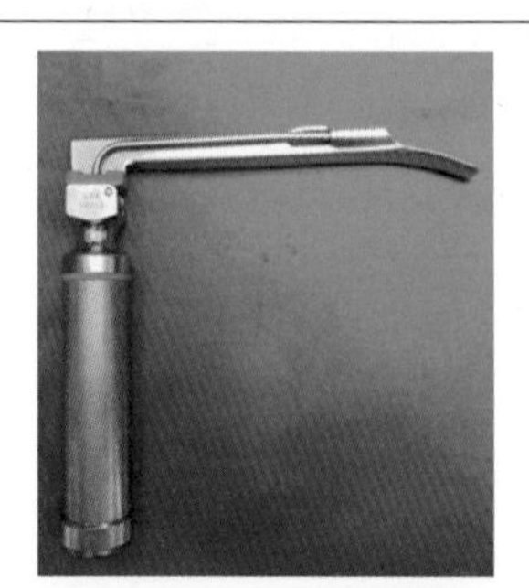
기관내관, 주사기	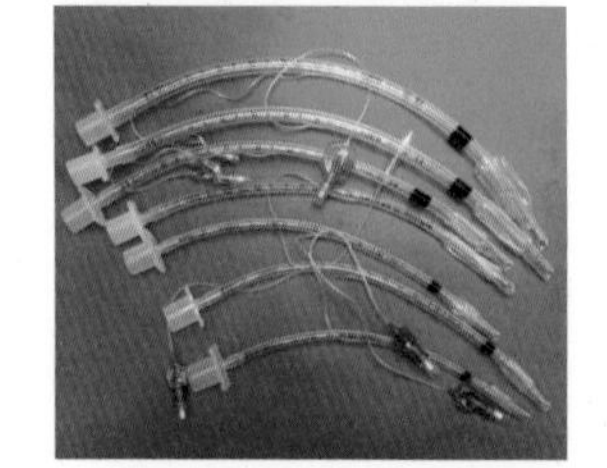	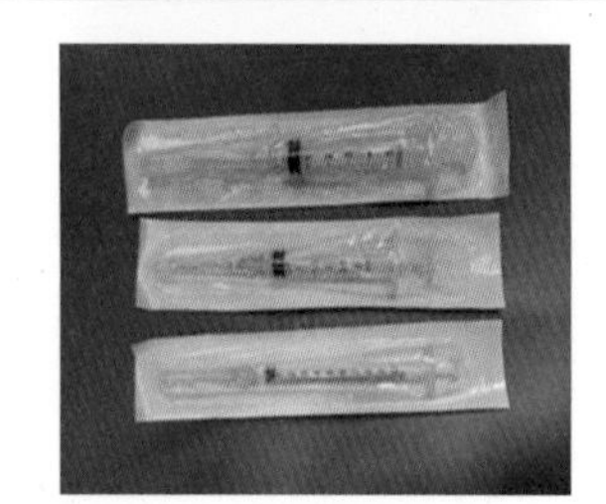
다양한 종류의 바늘, 펜라이트	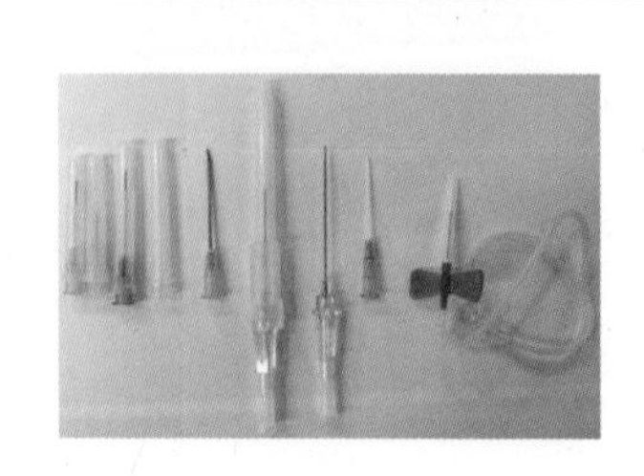	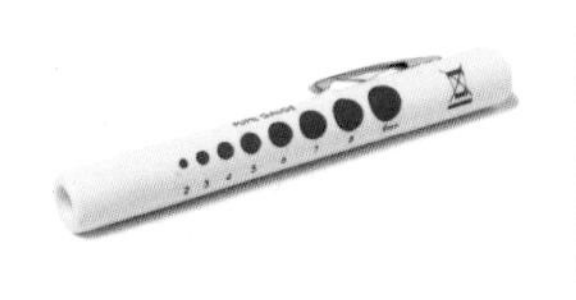

인퓨전펌프, 시린지펌프		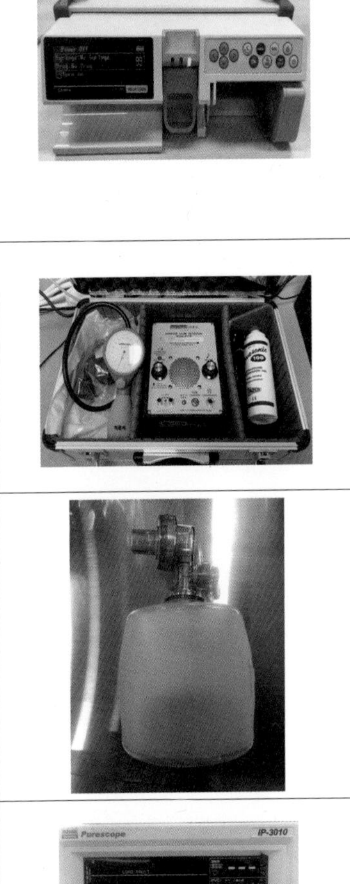
체온계, 도플러 혈압계		
산소통 및 산소유량계, 앰부 백		
석션기, 심전도(ECG)기, 카프노그래프, 산소포화도 측정기를 포함한 모니터링 장비 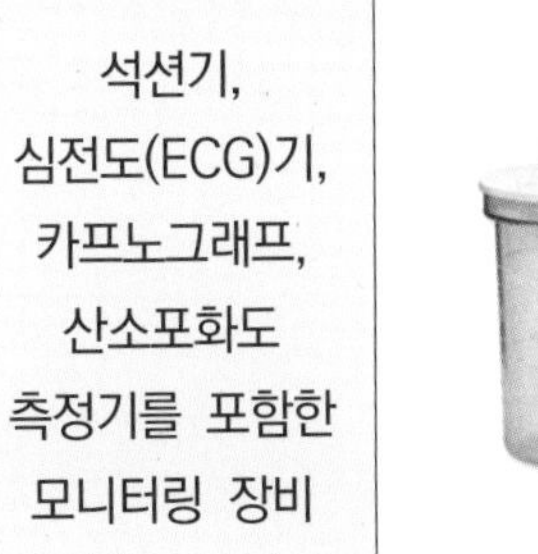		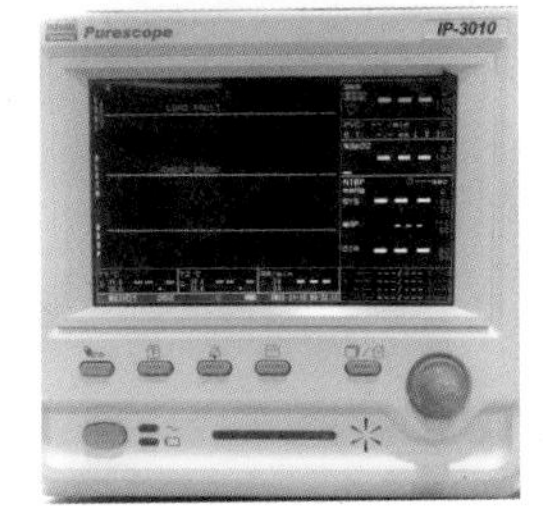
제세동기, 응급약품	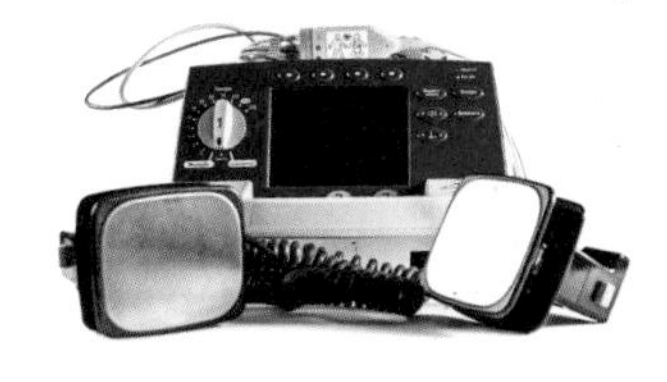	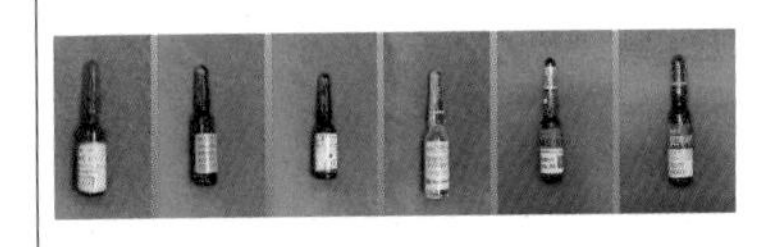

실습방법

1. 후두경의 핸들과 블레이드를 장착하고 광원이 잘 들어오는 확인하기.
2. 다양한 크기의 기관내관(ET tube)을 확인하고 빈 주사기를 이용해서 기낭의 공기가 세지 않는지 확인하기.
   : 1Kg → 2.5~3, 2~4Kg → 3.5~4, 5Kg 이상 → 4.5~5
3. 다양한 크기의 주사기와 바늘 비치 여부를 확인하기.

4. 앰부백의 크기를 구분하고 공기가 새는 곳이 있는지 확인하기.
5. 심전도기의 리드를 사지에 연결하고 작동여부를 점검하기.
   : RA → 오른쪽 앞다리, LA → 왼쪽 앞다리, RL → 오른쪽 뒷다리, LL → 왼쪽 뒷다리.
6. 윗 입술이나 혓바닥에 산소포화측정기를 부착하고 작동여부를 확인하기.
7. 기관내관(ET tube)에 카프노그래포 장비를 연결하기.
8. 혈압계 커프를 상완골에 장착하고 혈압을 측정하기.
9. 체온계/펜라이트의 작동상태를 점검하기.
10. 응급카트에 수납하고 각 기구의 명칭과 작동 방법을 숙지하기.

실습 일지

실습 날짜	. . .

실습 내용	
토의 및 핵심 내용	

교육내용 정리

02

응급약물의 준비 및 관리

실습개요 및 목적

응급카트의 두 번째 서랍에는 비상약이 배치된다. 어떤 응급약물이 포함될지는 동물병원의 특성에 따라 달라질 수 있으나, 응급시 사용되는 필수 약물들만 포함되어야 한다. 응급 약물들의 용량과 투여량 차트도 함께 배치되기도 한다.

실습준비물

응급 약품 테이블, 에피네프린(Epinephrine), 아트로핀(Atropine), 날록손(Naloxone), 글루콘산칼슘(Calcium gluconate), 푸로세마이드(Furosemide), 덱사메타손(Dexamethasone), 바소프레신(Vasopressin), 아미노필린(Aminophylline), 아티파메졸(Atipamezole), 디펜히드라민(Diphenhydramine)

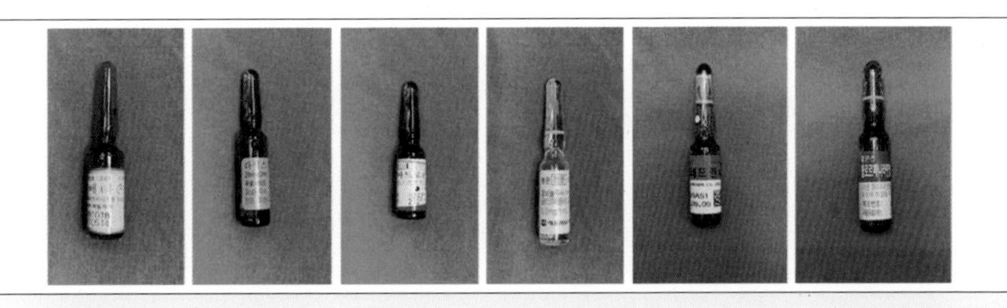

덱사메타손, 푸로세마이드, 아트로핀, 글리코피롤레이트, 에피네프린, 클로르페니라민

실습방법

1. 응급약물의 라벨 또는 앰플을 확인하고 약물을 구별하기
2. 응급약품 테이블을 보고 환자 체중에 맞는 용량을 준비 보조하기
3. 응급약물 보관상태 및 재고유무, 유통기한을 체크하기
4. 유통기한이 지나거나 보관상태가 불량한 경우, 침전물이 발생한 경우는 폐기처리하기

실습 일지

실습 날짜	. . .

실습 내용	
토의 및 핵심 내용	

교육내용 정리

학습목표

- 산소 공급하고 삽관 준비 및 삽관된 환자의 호흡 모니터링하기
- 아낙필락시스 동물환자의 확인 및 처치 보조하기
- 위세척 준비하기
- 저체온 및 고체온 환자 관리하기
- 교상으로 손상된 부위를 확인하고 지혈 및 세척하고 붕대처치 보조하기
- 방사선 촬영(X-ray) 및 내시경 장비 보조하기
- 발작/경련 환자에 사용되는 약물의 준비 및 추가적인 손상 예방하기
- 요카테터 장착 준비하고 유지 및 배뇨량 확인하기
- 각막 형광 염색 및 안압 측정을 보조하고 안구 돌출시 처치 보조하기
- 마비된 응급동물을 운반하고 필요한 검사 준비하기
- 교통사고 동물환자를 운반하고 필요한 검사 준비하기
- 화상 동물환자의 초기 처치 및 드레싱 준비하기
- 탈장된 부위를 확인하고 처치 준비하기

PART 04

응급상황별 이해 및 처치 보조

01

호흡기/심장 응급동물 처치 보조

실습개요 및 목적

대부분의 호흡기 환자는 호흡곤란 시 응급 상황으로 내원한다. 이 환자들은 호흡 상태를 개선하기 위해 즉각적인 평가와 응급 처치가 필요하다. 1차적인 평가로 기도(A), 호흡(B), 순환(C), 중추신경계(CNS) 기능 장애(D)를 평가하고, 1차 평가에서는 의식/정신, 심박수 및 리듬, 맥박, 호흡수와 양상, 점막색, 모세혈관재충만시간을 구분하여 평가할 수 있어야 한다.

실습준비물

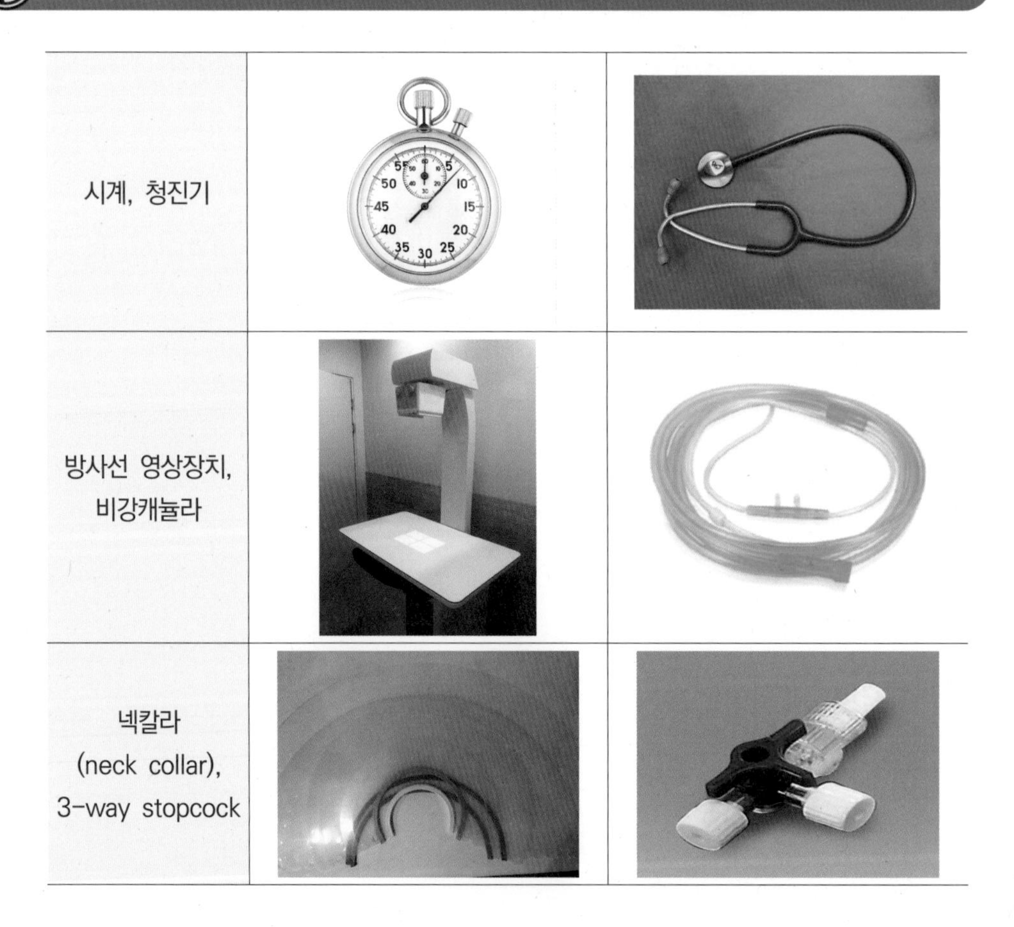

시계, 청진기		
방사선 영상장치, 비강캐뉼라		
넥칼라 (neck collar), 3-way stopcock		

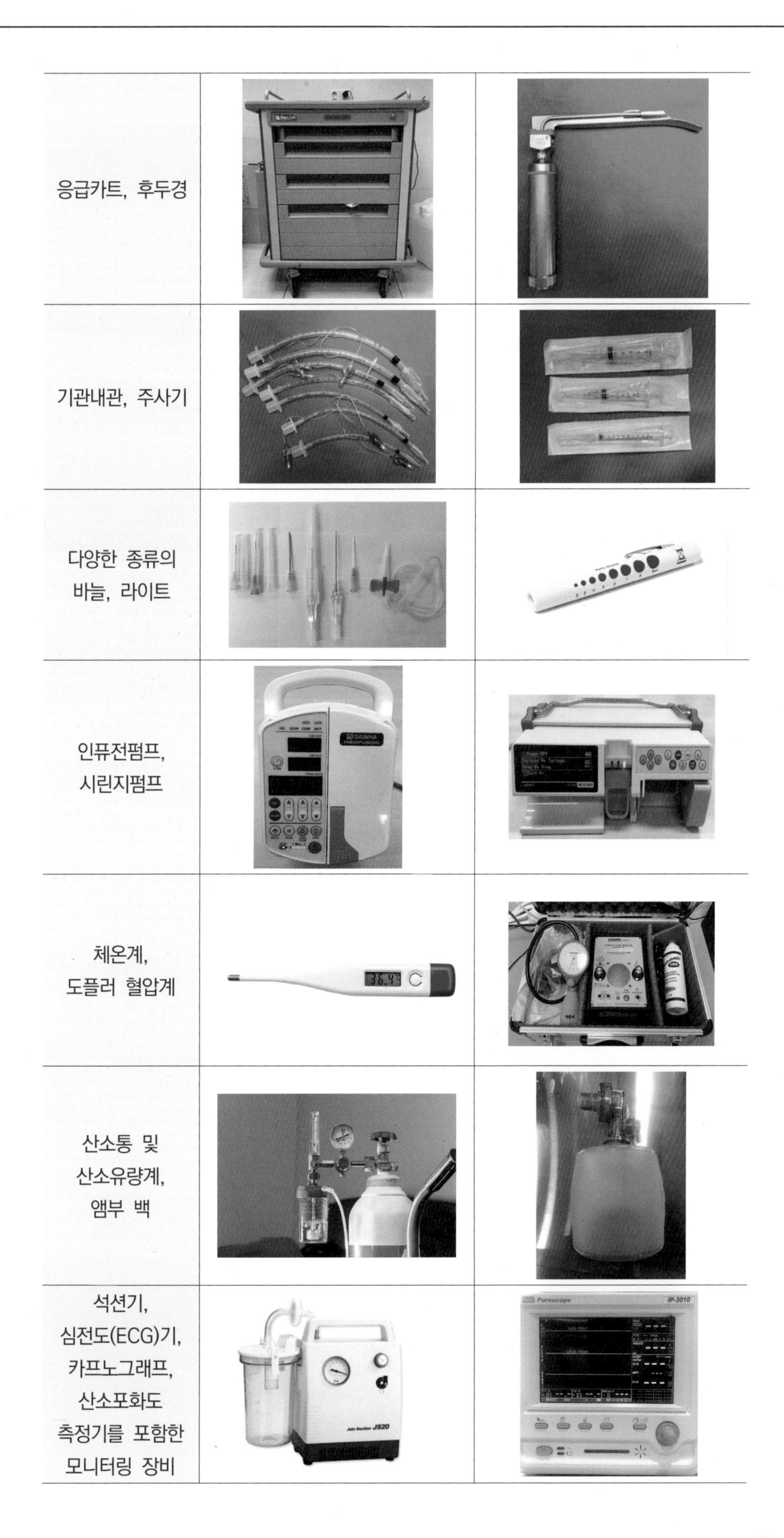

응급카트, 후두경
기관내관, 주사기
다양한 종류의 바늘, 라이트
인퓨전펌프, 시린지펌프
체온계, 도플러 혈압계
산소통 및 산소유량계, 앰부 백
석션기, 심전도(ECG)기, 카프노그래프, 산소포화도 측정기를 포함한 모니터링 장비

제세동기, 응급약품	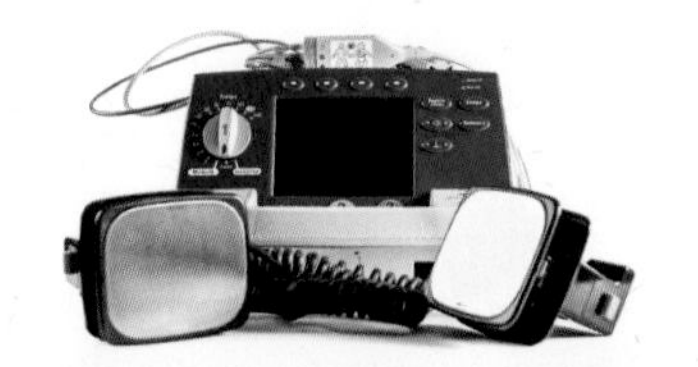	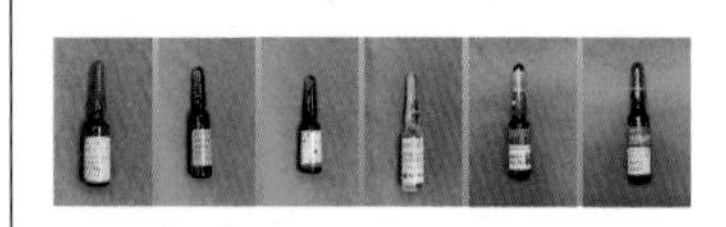
혈액가스분석기	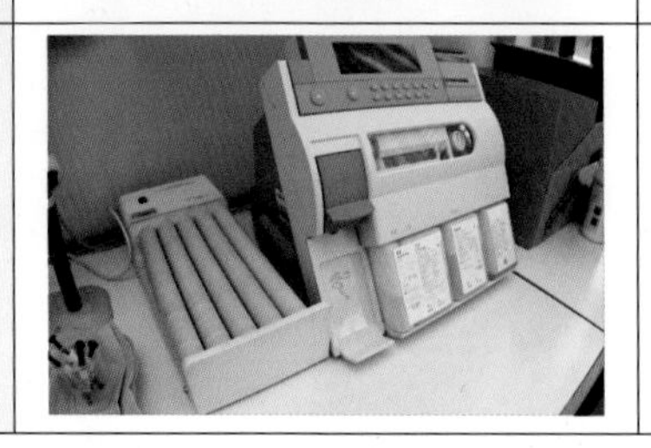	

실습방법

1. 환자 상태를 평가하기(호흡수, 심박수, 체온, CRT, 점막색, 호흡자세 등)
   - 개를 오른쪽으로 눕히고, 실습자는 개의 등쪽에 무릎을 굽혀 앉기
   - 개의 입, 코, 흉곽 움직임 등을 통해 호흡하는지 확인하기
   - 호흡이 없다면 혀를 손으로 잡아 빼고, 머리를 몸통과 수평으로 유지하여 기도 확보하기
   - 구강 또는 목에 이물질 확인하기
2. 의식이 없고, 호흡이 없거나 적다면 기관내튜브 장착 준비하기
   - 수의사의 지시에 따라, 기관내관(ET tube) 삽관을 준비하기
   - 환자를 흉와위 자세를 취하고 왼손으로 윗턱을 잡고, 오른손으로 거즈를 이용해 혓바닥을 아래로 당기기
   - 삽입된 기관내관(ET tube)을 고정하기
3. 의식은 있으나 호흡이 불안정하거나 청색증이 보이면 산소 투여 준비하기
4. 환자의 상황에 맞게 넥 칼라, 산소 케이지, 비강 케뉼라로 산소를 공급하기
5. ECG 리드를 사지에 연결하고, 산소포화도 측정기를 혀 또는 점막에 연결하기
6. 환자 상태가 호전되면 수의사에 지시에 따라 방사선 촬영하기

실습 일지

실습 날짜	. . .

실습 내용	
토의 및 핵심 내용	

교육내용 정리

02

아나필락시스(anaphylaxis) 응급동물 처치 보조

실습개요 및 목적

아나필락시스(anaphylaxis)는 알러젠에 의해 발생하는 심각한 알레르기 반응이다. 몸의 면역체계가 특정 화합물에 대해 과잉 반응하여 방어하게 되어 나타나는 증상으로 심혈관계, 호흡기계, 소화기계 및 피부를 포함한 여러 기관에 부정적인 영향을 미친다. 동물보건사는 이러한 증상에 대처하여 필요한 주사제, 산소공급, 기도 삽관, 심폐소생술(CPR)을 준비할 수 있고 바이탈 체크 및 환자 모니터링을 할 수 있어야 한다.

실습준비물

응급카트, 후두경	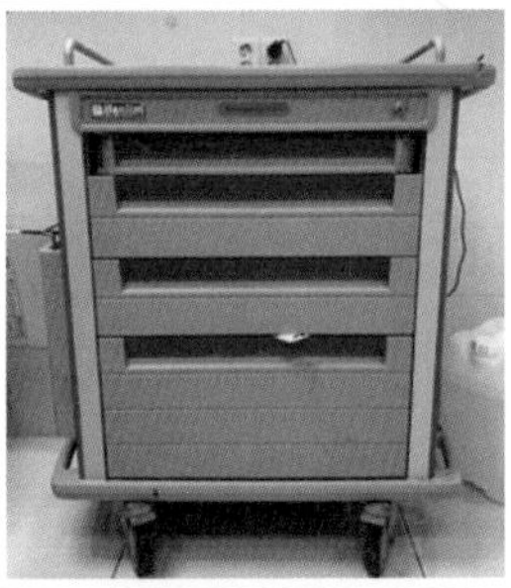	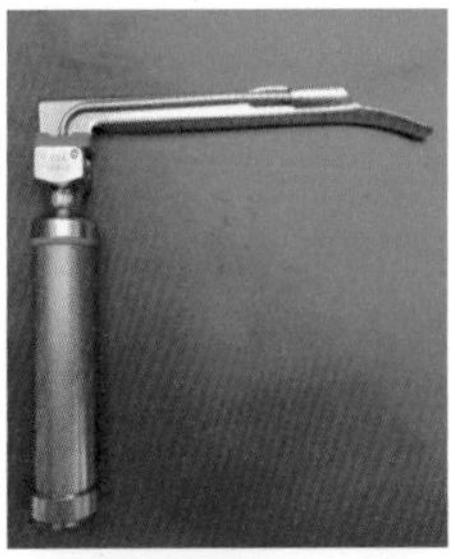
기관내관, 앰부 백	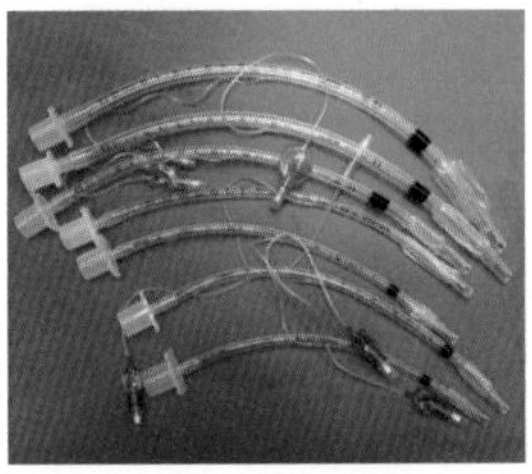	
도플러 혈압계, 심전도(ECG)기, 카프노그래프, 산소포화도 측정기를 포함한 모니터링 장비	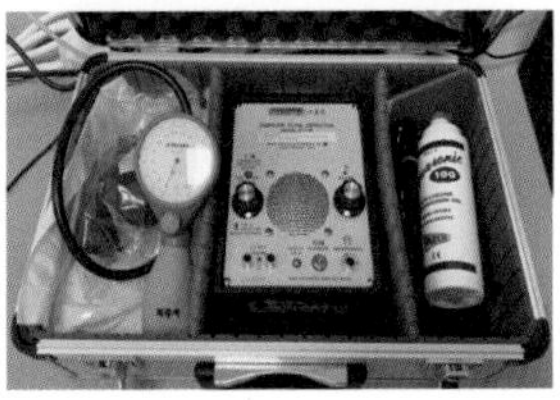	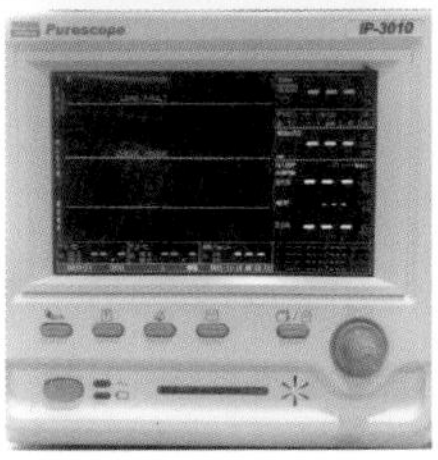

제세동기, 석션기	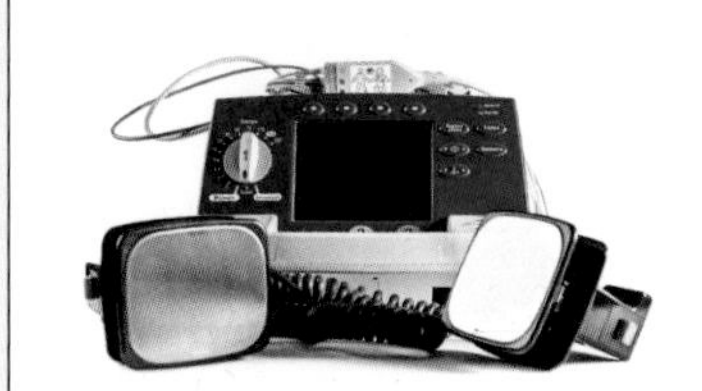	
산소통 및 산소유량계, 응급약품		

실습방법

1. 환자평가를 통해 아나필락시스 환자를 인지하기
   - 환자가 알러젠에 노출된 직후 가려움증이 시작되는지 확인하기
   - 가려움증을 동반한 피부의 반점 또는 부종이 있는지 확인하기
2. 환자가 설사, 구토, 배변 증상이 있는지 확인하기
3. 호흡 곤란 징후가 있으면 산소를 공급하기
   - 환자의 상황에 맞게 넥칼라, 산소 케이지, 비강 케뉼라로 산소를 공급하기
4. 아나필락시스를 유발하는 물질이 있다면 제거하기
   - 곤충 물림, 꽃가루, 곰팡이 포자, 먼지, 벼룩 및 환경 오염 물질 등
5. 약물이나 백신 접종 여부를 확인하기
6. 응급약물(epinephrine, diphenhydramine, famotidine, glucocorticoid)을 준비하기
7. IV카테터 장착과 수액요법 준비하기
   - 수의사의 지시에 따라 투여할 수액을 높은 곳에 고정하고 기포가 포함되지 않게 수액세트와 연결하기
   - 환자의 크기와 상태에 맞게 IV 카테터를 준비하기(게이지가 작을수록 바늘의 내경이 커진다.)
   - IV 카테터 장착을 위해 수의사를 도와 보정하기
   - 인퓨전 펌프와 시린지펌프를 연결하여 수액을 세팅하기
   - 펌프가 없을 경우, 수액세트의 유량조절기로 수액속도를 조절하기
   - 수혈이 필요한 경우, 환자와 투여할 혈액의 혈액형을 검사하기
8. 혈압상승제(dopamine, dobutamine), 기관지확장제(albuterol-흡입기, terbutaline)를 준비하기

실습 일지

실습 날짜	. . .

실습 내용	
토의 및 핵심 내용	

교육내용 정리

03

중독 응급동물 처치 보조

실습개요 및 목적

모든 것을 입으로 가져가는 습성이 있는 동물들에게는 독소 섭취는 일상적인 일이다. 특히 개와 고양이는 사람이 일반적으로 섭취하는 음식이나 약물뿐만 아니라 실외에서 흔한 식물 등 잠재적으로 생명을 위협할 수 있는 독성물질에 취약하다. 이러한 사례에 대해 환자의 병력, 환자 평가, 독성 물질의 제거, 진단 치료에 수반되는 과정을 익히고 수의사를 보조할 수 있어야 한다.

실습준비물

혈구분석기, 혈청검사기	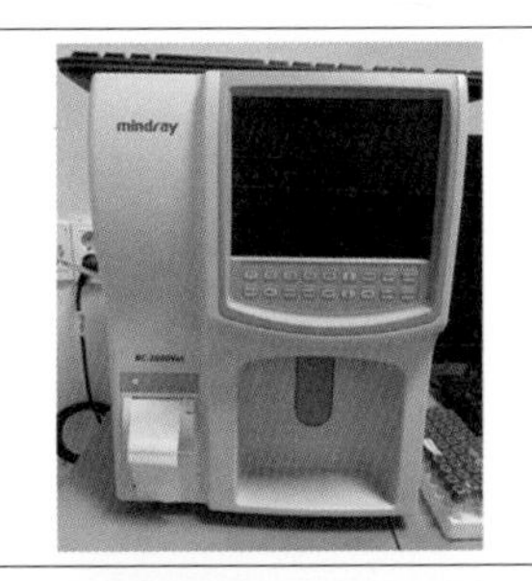	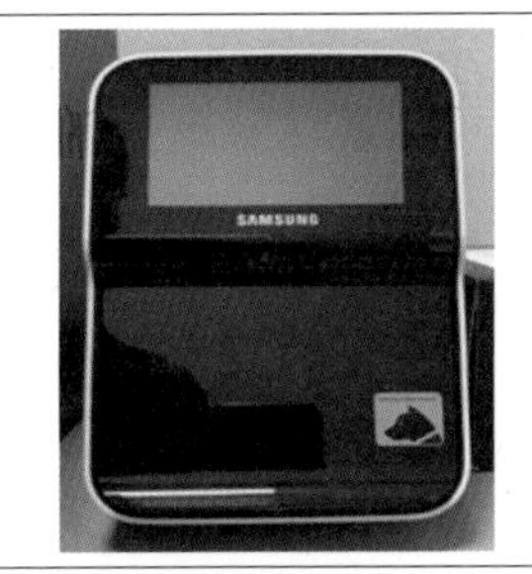
혈액가스분석기, 채혈 세트	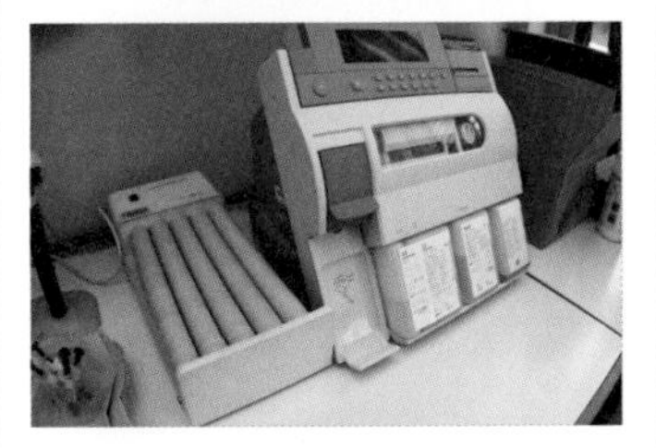	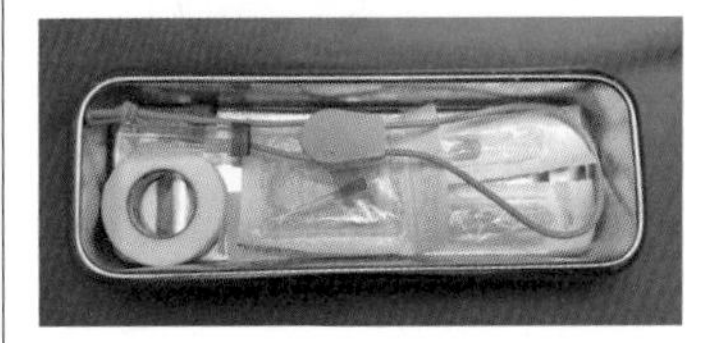
수액, 수액세트	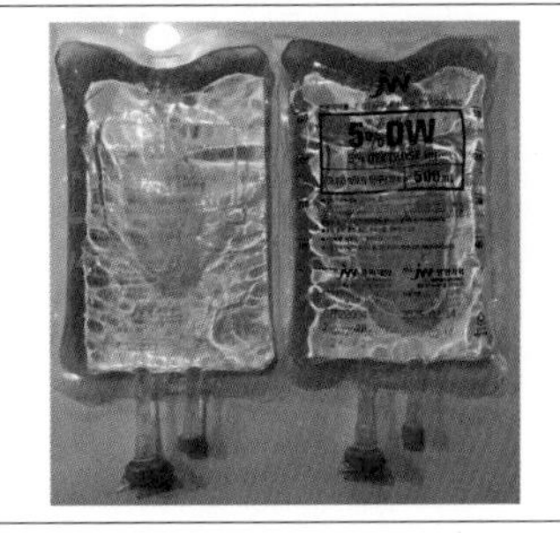	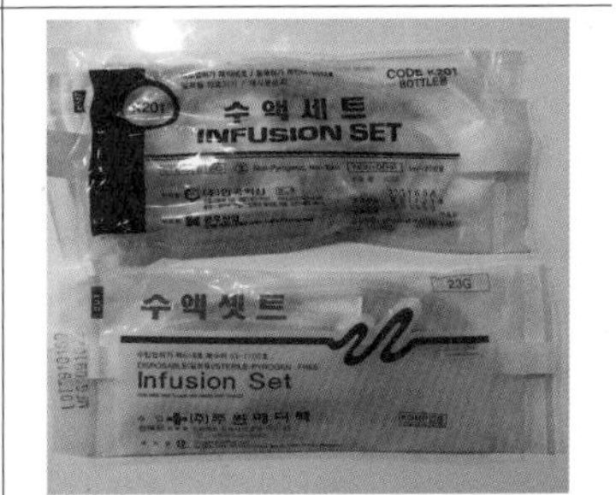

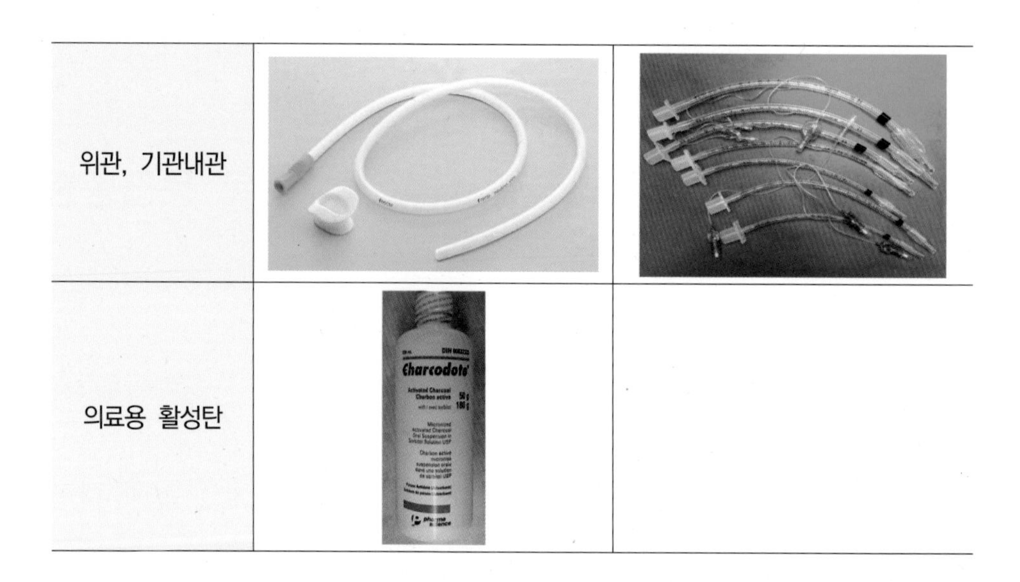

위관, 기관내관		
의료용 활성탄		

실습방법

1. 환자의 상태를 평가하기
   - 체중을 측정하기
   - 직장 체온을 측정하기
   - 환자가 안정된 자세에서 청진을 통해 호흡수와 이상 호흡음을 청진하기
   - 환자의 대퇴동맥을 손으로 촉진한 상태로, 청진을 통해 심박수와 심장의 이상 리듬 및 잡음이 있는지 확인하기
   - 환자 앞다리의 두께에 맞는 커프를 장착하고 도플러 혈압기로 혈압을 측정하기
   - 구강 점막 또는 질점막을 모세혈관재충만시간(capillary refill time, CRT)과 점막색이 1.5초 내로 돌아오는지 확인하기
2. 혈액검사를 위해 채혈을 보조하기
   - 환자를 앉은 자세로 앉히고 뒤쪽에서 온몸을 밀착시킴
   - 왼손으로 환자의 다리를 고정하고 오른손으로 주둥이를 잡고 목을 신장시켜 경정맥을 노출시킴
3. 혈구 검사를 위해 EDTA 튜브에 혈액을 채취하고, 혈액 화학 수치를 검사하기 위해 Plain 튜브에 혈액을 채취하기
4. 50cc 실린지에 3% 과산화수소를 채운 후 경구 투약하기(체중당 2.2ml)
5. 깨끗한 배변패드를 깔고 토사물을 확인하기
6. 구토로 배출되지 않은 물질을 위해 위세척 준비하기
   - 환자를 진정시키고 기관내관(ET tube) 삽관하기
   - 위세척 동안 환자의 바이탈을 확인하기
   - 구토를 예방하기 위해 항구토제를 준비하기
   - 수의사의 지시에 따라, 흉와위 또는 우횡와위로 환자를 배치하기
   - 위세척 튜브에 윤활액 바르기
   - 중력에 따라 배출되는 토사물을 받을 양동이를 준비하기
   - 위 세척후 필요에 따라 위흡착제(의료용 활성탄)를 투여하기

실습 일지

	실습 날짜	. . .

실습 내용	
토의 및 핵심 내용	

교육내용 정리

04

열사병/저체온증 응급동물 처치 보조

실습개요 및 목적

고체온증/저체온증은 동물의 모든 신체에 영향을 줄 수 있는 생명을 위협하는 매우 심각한 응급 상황이다. 체온 변화로 인해 나타나는 병리학적 또는 생리학적 변화로부터 신체를 보호하기 위해, 이차적 합병증이 발생할 수 있으며 이는 즉각적인 치료가 필요하다. 동물보건사는 고체온증/저체온증에 대한 증상들을 이해하고 즉각적으로 치료할 수 있도록 수의사를 보조할 수 있어야 한다.

실습준비물

혈구분석기, 혈청검사기	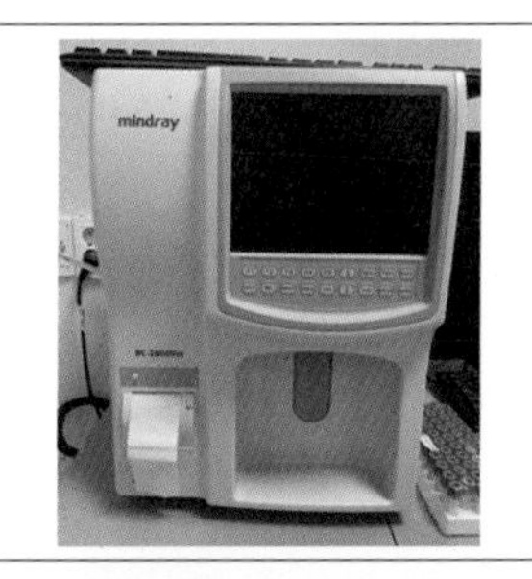	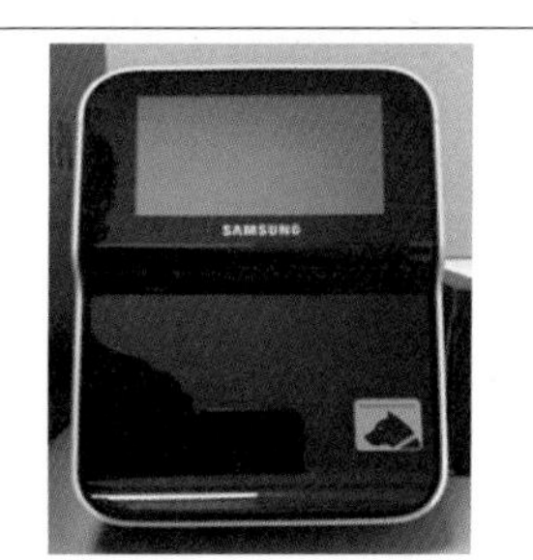
혈액가스분석기, 체온계	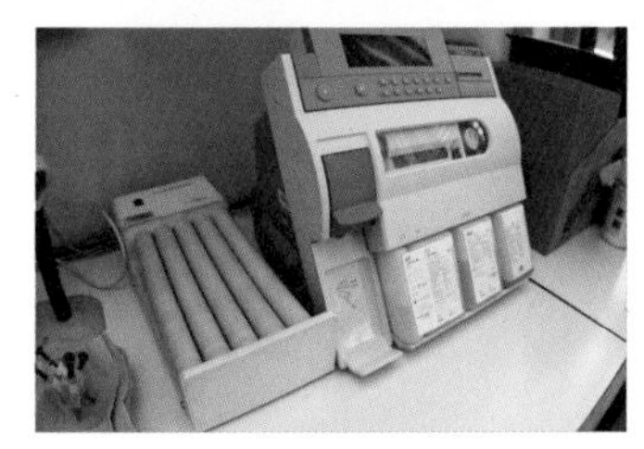	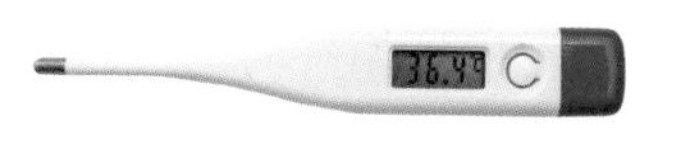
채혈세트, 에어담요	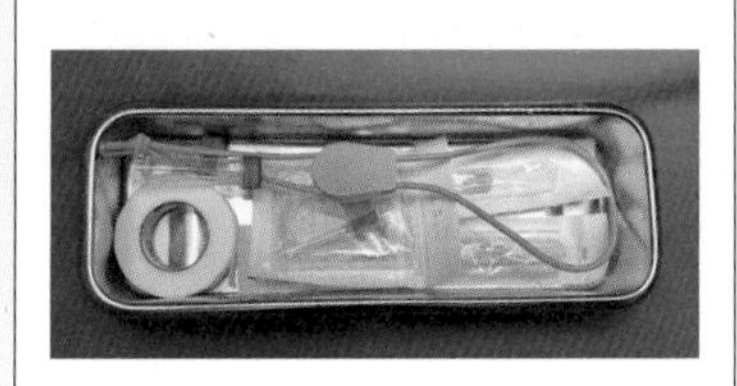	

응급약품	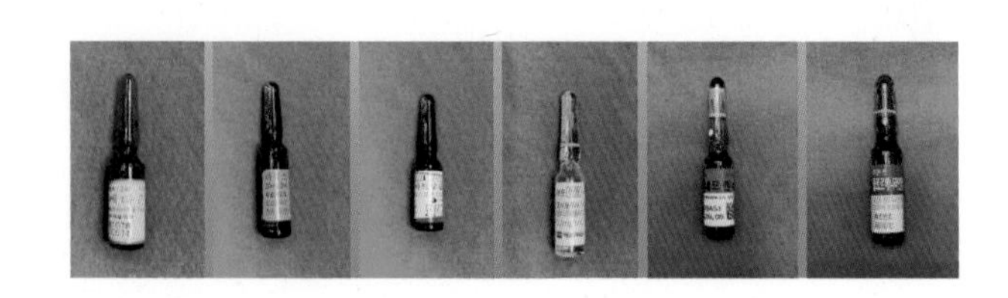

미지근한 물, 수건, 선풍기/부채, 핫팩, 드라이기

실습방법

1. 환자 상태를 평가하고 기본적인 생체지수를 측정하기
2. 필요한 경우, 혈액검사 및 영상검사를 실시하기
3. 저체온인 경우, 핫팩 및 드라이기를 이용하여 체온은 높이기
   - 체온을 높이기 위해서 특정 부위에 저온화상을 입지 않게 조심하기
   - 10분마다 체온을 측정하고, 37.8°C 넘으면 모든 체온 상승을 위한 노력을 멈추고 따뜻한 장소로 환자를 옮기기
   - 38.3~39.2°C 정상온도에 도달하였을 경우 환자의 행동을 확인하기
4. 고체온인 경우, 젖은 타월이나, 부채 및 선풍기를 이용하여 체온을 낮추기
   - 차가운 물체로 체온을 낮추면 표재 온도만 낮추기 때문에, 미지근한 타월을 덮어주기
   - 사타구니, 경정맥, 겨드랑이와 동맥과 정맥이 지나가는 부분에서 집중적으로 체온을 낮춰주기
   - 39.4°C에 도달하면 심부 체온 하강을 위한 노력을 멈추고 시원한 장소로 환자를 옮기기
5. 체온이 반등하여 높아지거나 낮아지는 것을 방지하기 위해 지속적으로 체온을 모니터링 하기

실습 일지

실습 날짜	. . .

실습 내용	
토의 및 핵심 내용	

교육내용 정리

05

교상 응급동물 처치 보조

실습개요 및 목적

교상 환자의 처치 목적은 손상된 조직을 정상 기능으로 되돌리는 것이다. 그러나 모든 교상이 동일하지 않기 때문에 치료 방법과 처치가 다르다. 창상 관리의 일반 원칙과 이를 관리하는 응급동물 처치 기술을 이해하면 수의사를 도와 상처 관리 및 치료에 중요한 역할을 할 수 있다. 동물보건사는 창상의 분류, 치유 단계, 치료 및 통증 관리에 대해 이해하고 관련 응급동물 처치법을 습득한다.

실습준비물

멸균생리식염수, 멸균거즈, 압박붕대, 코반, 종이테이프, 입마개, 클리퍼, 항생제, 항균연고, 소독용알코올, 포비돈, 진정제, 진통제, 마취제, 혈구/혈청분석기

멸균생리식염수, 멸균거즈	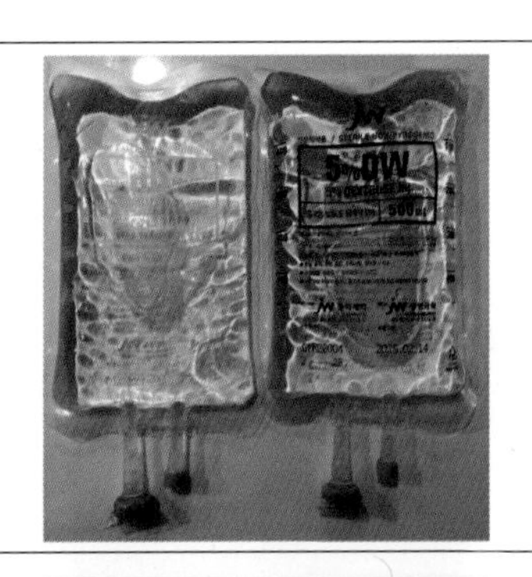	
압박붕대, 코반	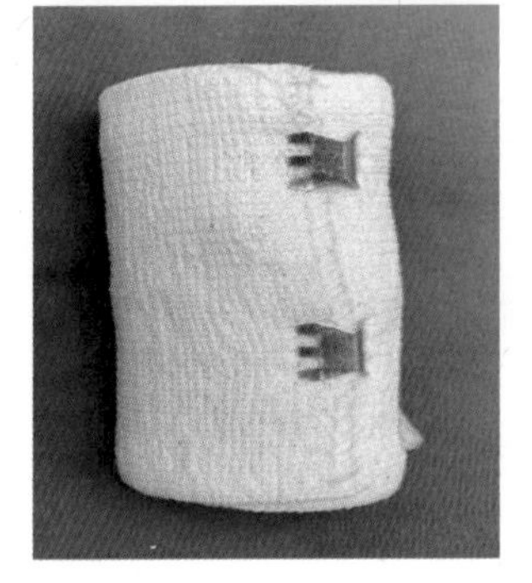	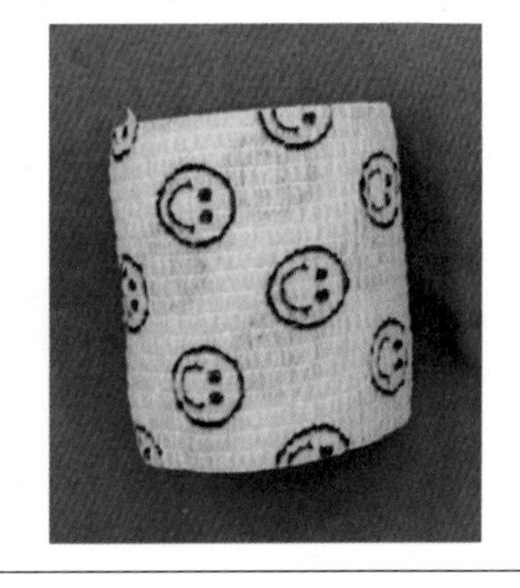

종이테이프, 입마개		
클리퍼, 항균연고		
클로르헥시딘, 소독용알코올		
포비돈, 초음파 영상장치		
혈구분석기, 혈청검사기		
방사선 영상장치		

항생제, 진정제, 진통제, 마취제

실습방법

1. 상처 부위를 확인하고, 출혈이 있다면 압박하여 지혈하기.
2. 이때 환자가 느끼는 통증에 따라 사나울 수 있으므로 필요에 따라 입마개/진정제를 사용하기.
3. 이물질이나 혈액 때문에 손상된 부위를 확인할 수 없으면, 식염수를 이용하여 교상부위를 충분히 세척하기.
4. 털로 인한 오염을 방지하기 위해 삭모하기.
5. 교상 상처 부위가 넓을 경우 봉합이 필요한 경우 봉합 준비하기.
   - 니들홀더, 나일론 봉합사 (2-0, 3-0), 포셉
6. 교상된 부위에 따라 방사선촬영을 보조하기.
7. 충분한 세척이 이루어지고 수의사에 의해 평가되었다면 항균연고나 소독약을 처치하기.
8. 수의사의 지시에 따라 거즈나 붕대를 이용하여 드레싱하기.
9. 수의사의 지시에 따라 항생제를 준비하기.

실습 일지

실습 날짜	. . .

실습 내용	
토의 및 핵심 내용	

교육내용 정리

06

이물 섭취 응급동물 처치 보조

실습개요 및 목적

식도는 입과 위를 연결하는 근육 구조물로 뼈/연골 또는 낚싯바늘과 같은 이물질에 의해 막힐 수 있다. 이런 응급동물 환자의 증상은 역류, 지속적인 자세 고쳐잡기, 침 흘림(혈액이 있을 수 있음), 반복적인 삼키려는 노력, 식욕 부진 및 오연으로 인한 기침이 있을 수 있다. 이러한 임상증상을 토대로 수의사의 지시를 받아 방사선 촬영을 하고 이물 제거를 위한 내시경을 준비할 수 있어야 한다.

실습준비물

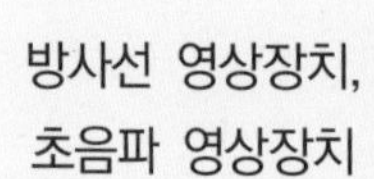 방사선 영상장치, 초음파 영상장치	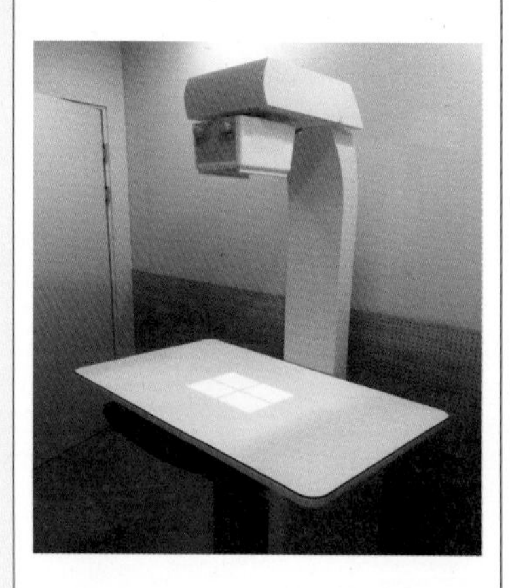	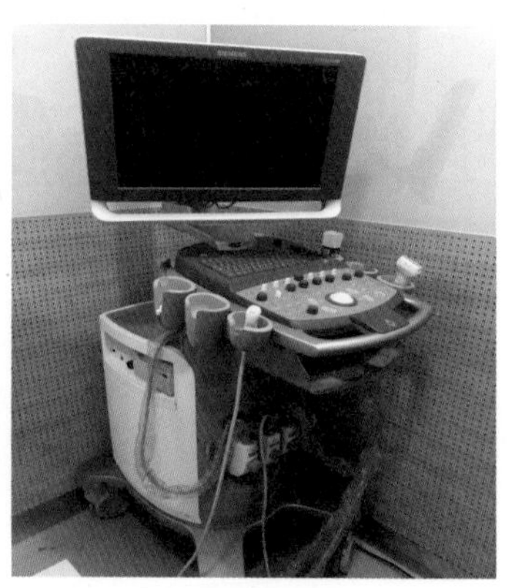
조영제(옴니파크), 조영제(바륨)	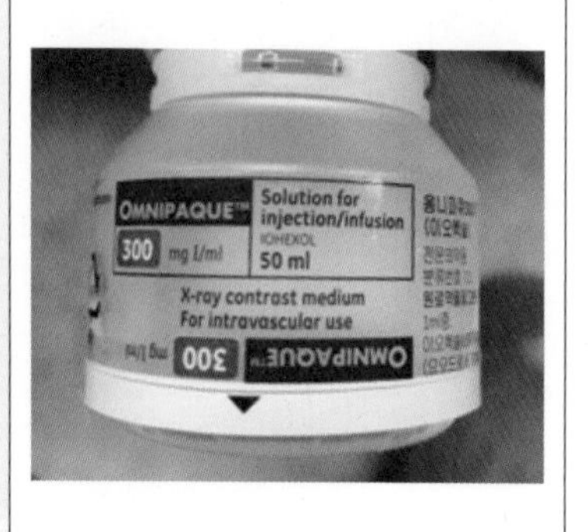	

채혈세트, 채혈튜브	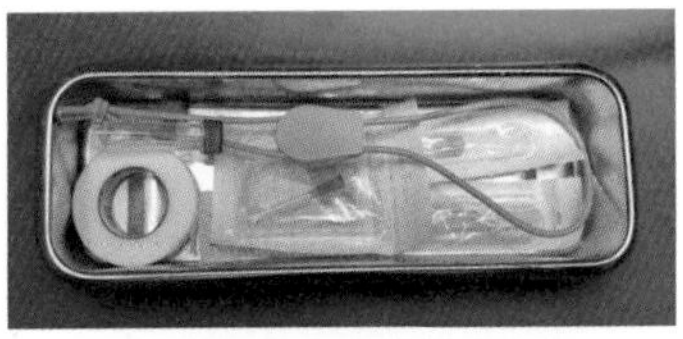	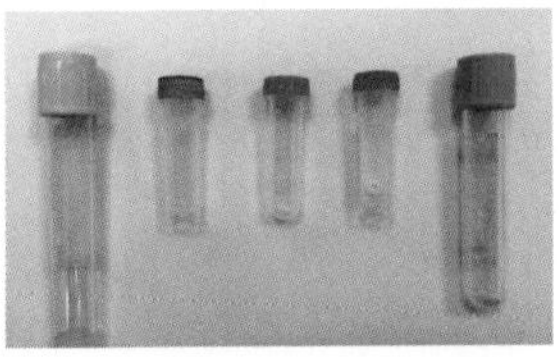
혈구분석기, 혈청검사기	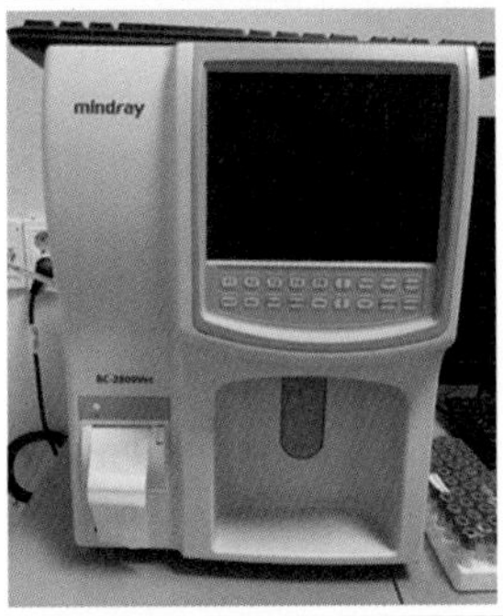	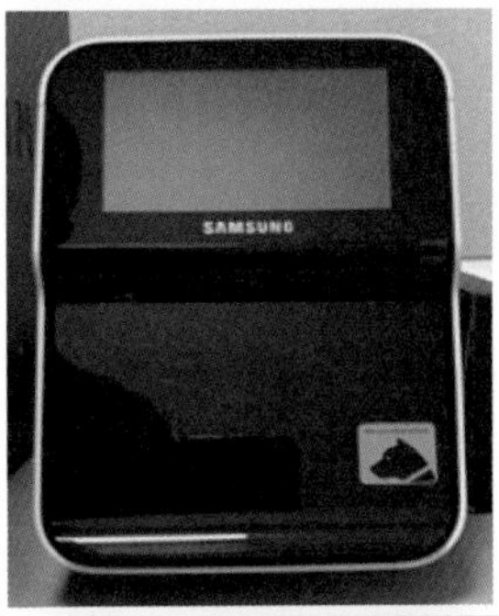
혈액가스분석기, 납 가운		
갑상선 보호대, 납 보호안경		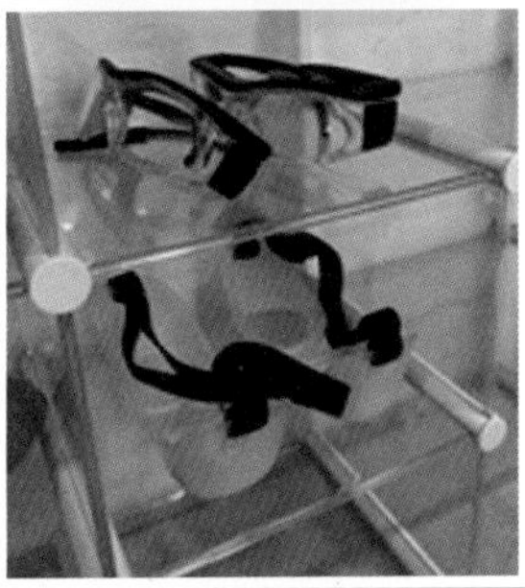

실습방법

1. 응급 수술 또는 금속 이물로 인한 용혈에 대비하여 수액 세트를 준비하고, 혈액화학검사와 혈구 분석을 위한 채혈을 준비하기
2. 혈액검사를 위해 채혈을 보조하기
   - 환자를 앉은 자세로 앉히고 뒤쪽에서 온몸을 밀착시킴
   - 왼손으로 환자의 다리를 고정하고 오른손으로 주둥이를 잡고 목을 신장시켜 경정맥을 노출시킴
3. 혈구 검사를 위해 EDTA 튜브에 혈액을 채취하고, 혈액 화학 수치를 검사하기 위해 Plain 튜브에 혈액을 채취하기
4. 이때 환자가 느끼는 통증에 따라 사나울 수 있으므로 필요에 따라 입마개/진정제를 사용하기

5. 털로 인한 오염을 방지하기 위해 삭모하기
6. 복부 초음파 촬영을 보조하기
7. 수의사의 지시에 따라 조영제를 경구 투여하고 방사선촬영을 보조하기

실습 일지

실습 날짜	. . .

실습 내용	
토의 및 핵심 내용	

교육내용 정리

발작 응급동물 처치 보조

실습개요 및 목적

발작은 뇌의 전기적 활동이 방해됨에 따라 중추 신경계의 과도한 자극과 임의의 비자발적 근육 경련이 발생한다. 다양한 발작의 형태와 잠재적 병적 원인이 있을 수 있다. 동물보건사는 발작 후 또는 발작 활동 중에 나타나는 모든 환자의 안정화 및 관리에 있어서 수의사를 보조할 수 있어야 한다.

실습준비물

방사선 영상장치, 혈구분석기	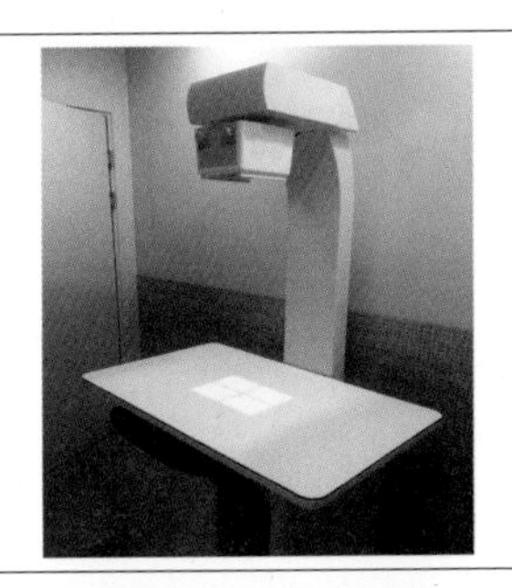	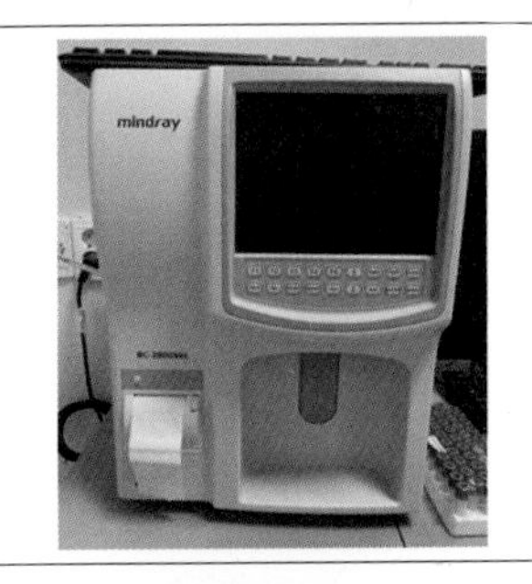
혈청검사기, 초음파 영상장치	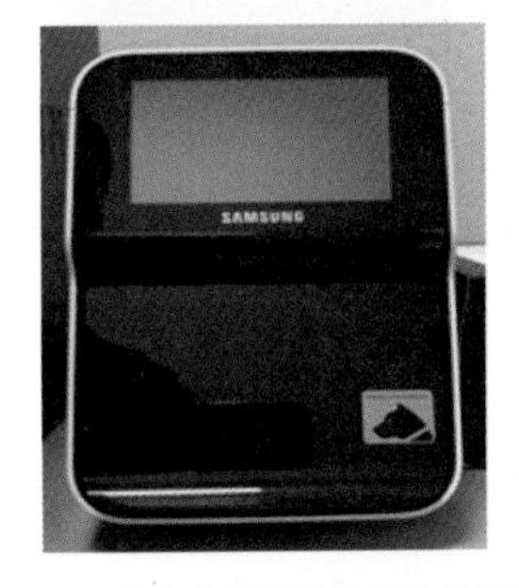 	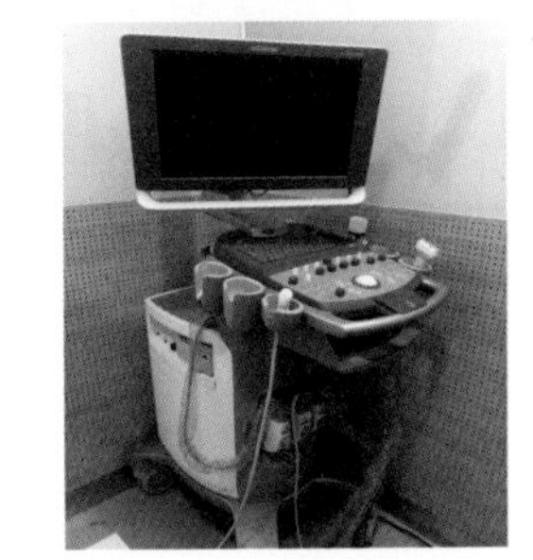
채혈세트, 채혈튜브	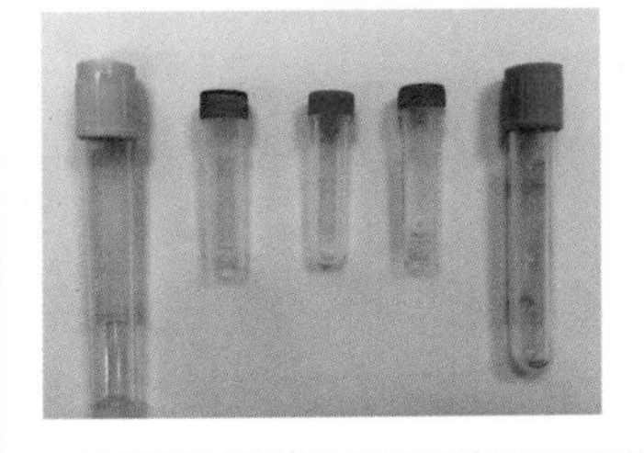	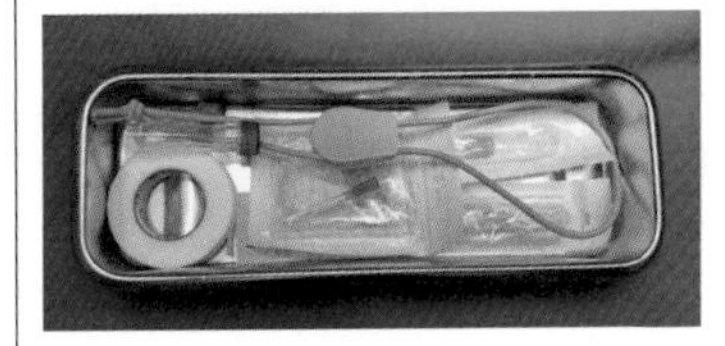

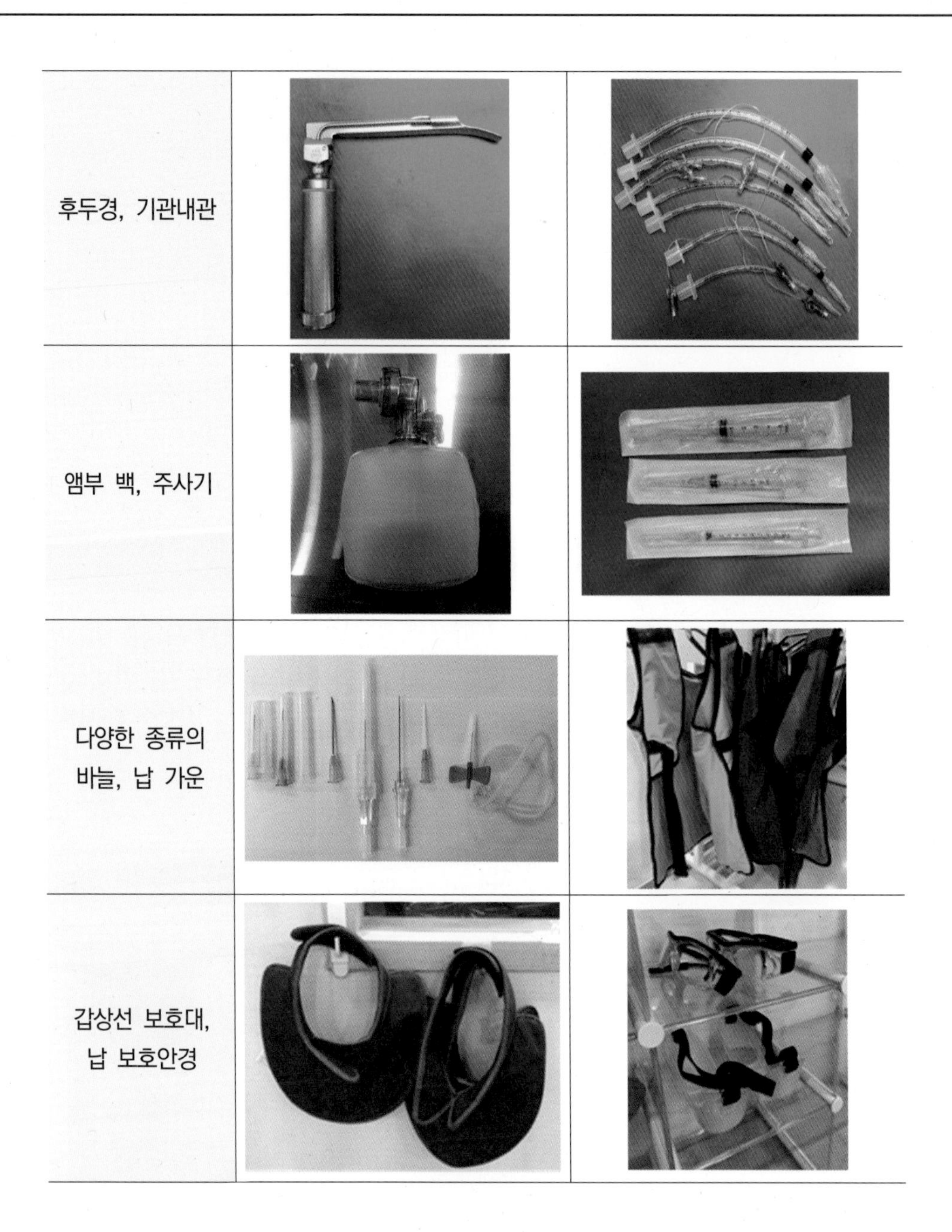

 실습방법

1. 수의사의 지시에 따라 환자의 기왕력을 파악하고 혈액검사를 위한 채혈 준비하기
2. 혈구/혈청/전해질 검사 준비하기
   - 환자를 앉은 자세로 앉히고 뒤쪽에서 온몸을 밀착시킴
   - 왼손으로 환자의 다리를 고정하고 오른손으로 주둥이를 잡고 목을 신장시켜 경정맥을 노출시킴
3. 혈구 검사를 위해 EDTA 튜브에 혈액을 채취하고, 혈액 화학 수치를 검사하기 위해 Plain 튜브에 혈액을 채취하기
4. 정맥(IV)카테터 장착과 수액요법 준비하기
   - 수의사의 지시에 따라 투여할 수액을 높은 곳에 고정하고 기포가 포함되지 않게 수액세트와 연결하기

- 환자의 크기와 상태에 맞게 정맥(IV) 카테터를 준비하기(게이지가 작을수록 바늘의 내경이 커진다.)
- IV 카테터 장착을 위해 수의사를 도와 보정하기
- 인퓨전 펌프와 시린지 펌프를 연결하여 수액을 세팅하기
- 펌프가 없을 경우, 수액세트의 유량조절기로 수액속도를 조절하기
- 수혈이 필요한 경우, 환자와 투여할 혈액의 혈액형을 검사하기

5. 호흡 곤란 징후가 있으면 산소를 공급하기
6. 발작증상이 지속될 경우 마취 약물을 준비하기(Diazepam, Phenobarbital, Propofol, Mannitol)
7. 기도확보를 위해 삽관을 준비하기
   - 고체온증을 대비하여 젖은 타월이나, 부채 및 선풍기를 이용하여 체온을 낮추기
   - 차가운 물체로 체온을 낮추면 표재 온도만 낮추기 때문에, 미지근한 타월을 덮어주기
   - 사타구니, 경정맥, 겨드랑이와 동맥과 정맥이 지나가는 부분을 집중적으로 체온을 낮춰주기
   - 39.4°C에 도달하면 심부 체온 하강을 위한 노력을 멈추고 시원한 장소에 환자를 옮기기
8. 환자가 안정화되면 초음파 검사, 방사선 촬영을 준비하기

실습 일지

실습 날짜	. . .

실습 내용	
토의 및 핵심 내용	

교육내용 정리

08

비뇨기 응급동물 처치 보조

실습개요 및 목적

급성신부전은 집중 치료와 간호가 필요한 생명에도 위협을 줄 수 있는 응급상황이다. 신장의 기능이 급속도로 손실되어 체내에 질소 노폐물의 축적, 체액 불균형 및 전해질 장애(고칼륨혈증)를 유발하게 된다. 다음, 다뇨, 구토, 핍뇨 또는 무뇨, 식욕부진, 혼수, 서맥 등 다양한 전신 증상을 일으킬 수 있다. 동물보건사는 환자의 심혈관계, 호흡기계 및 중추신경계의 변화를 모니터링하고 수의사에게 즉각적인 조치를 요청하고 수의사를 보조할 수 있어야 한다.

실습준비물

초음파 영상장치 혈구분석기	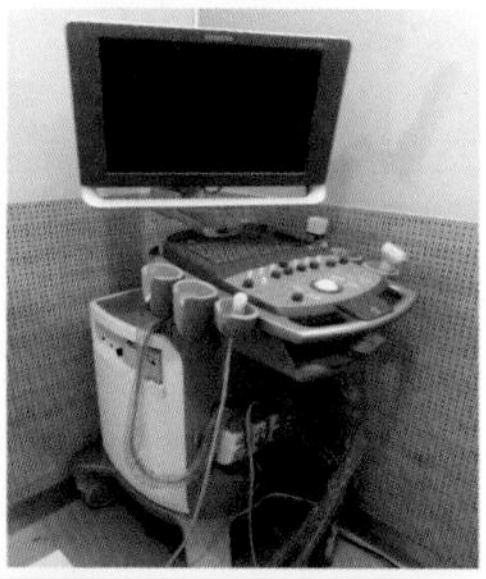	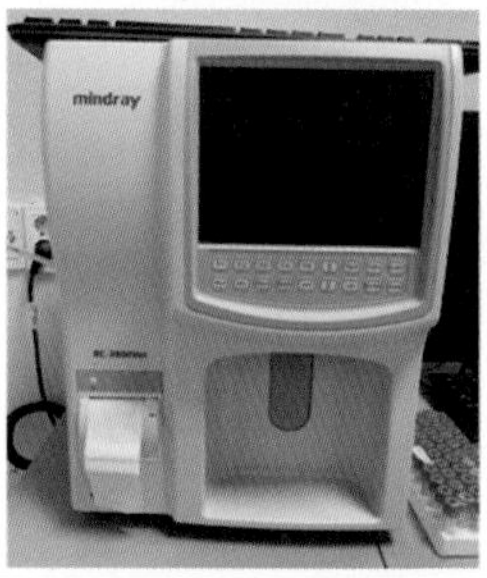
혈청검사기, 채혈세트	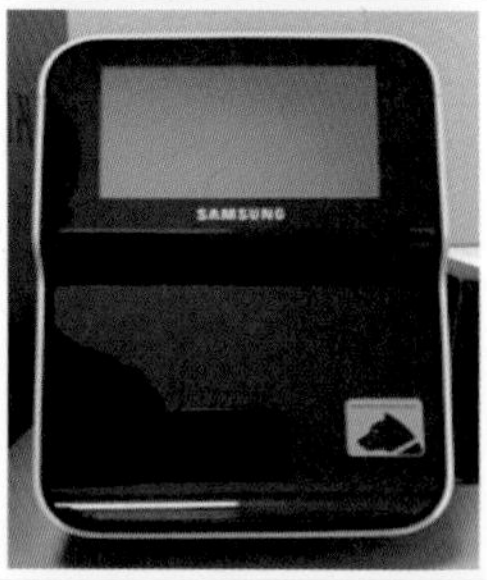	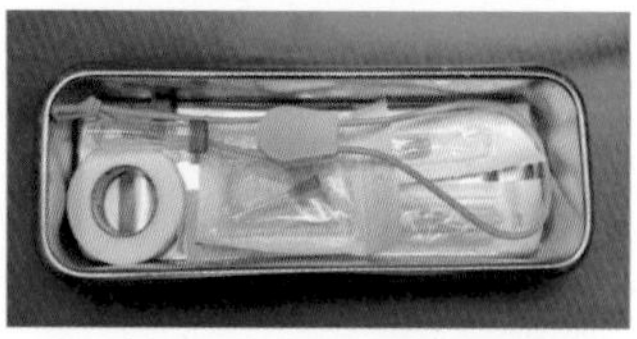
채혈튜브, 수액세트	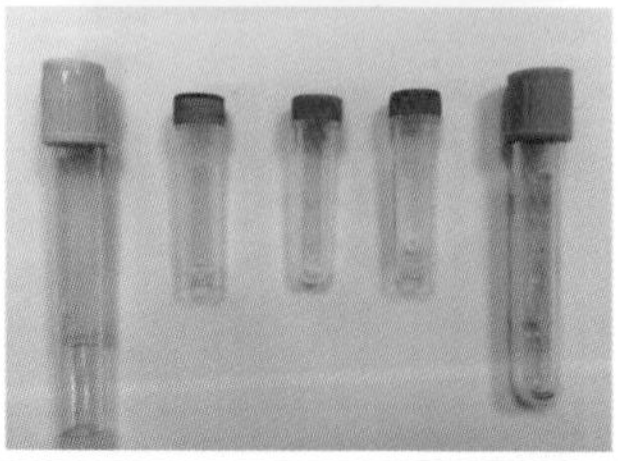	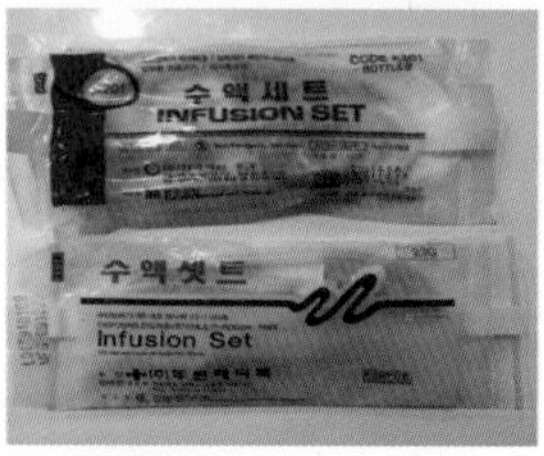

수액, 도플러 혈압계	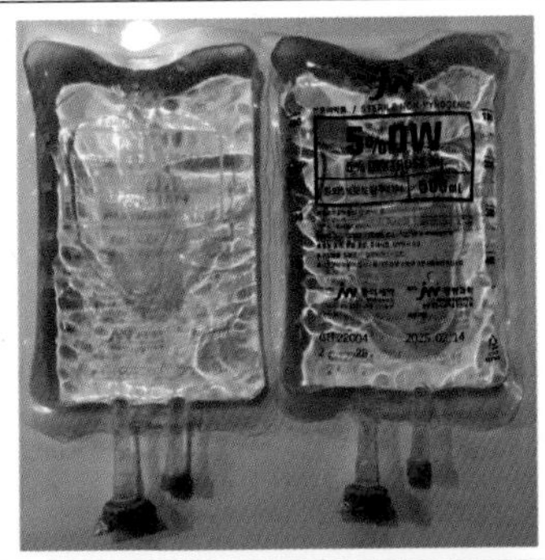	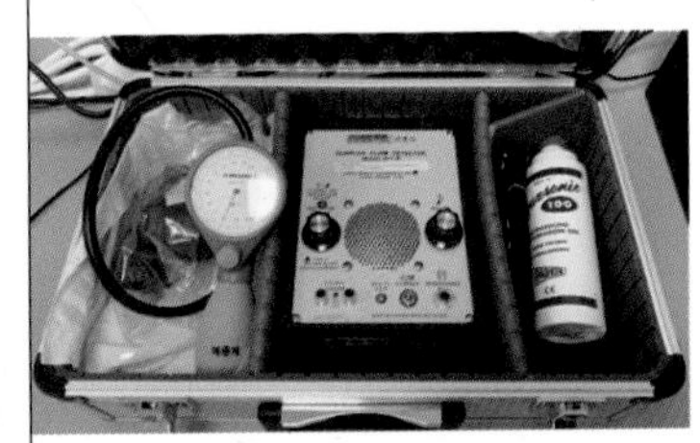
요비중계, 요스틱	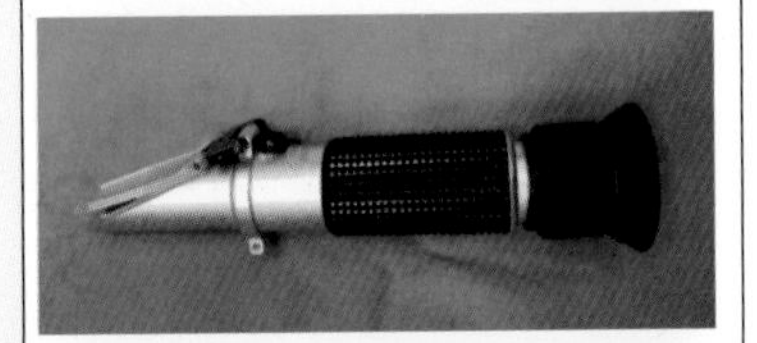	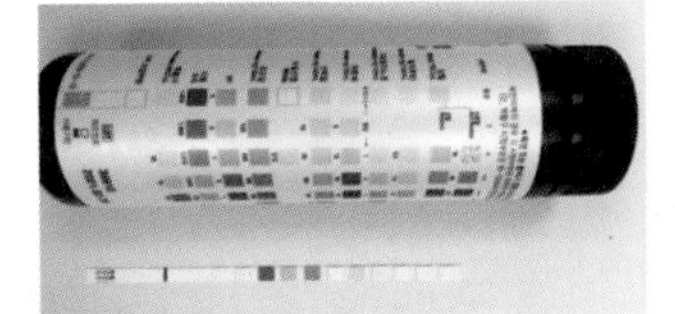
주사기	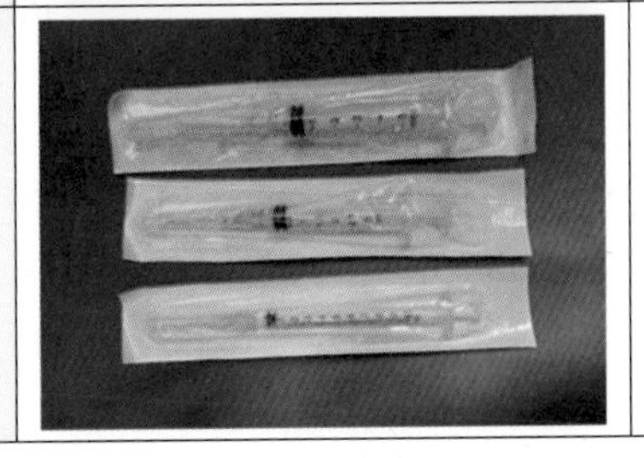	

실습방법

1. 수의사의 지시에 따라 환자의 기왕력을 파악하고 혈액검사를 위한 채혈 준비하기
2. 혈구/혈청/전해질 검사 준비하기
3. 정맥(IV)카테터 장착과 수액요법 준비하기
   - 수의사의 지시에 따라 투여할 수액을 높은 곳에 고정하고 기포가 포함되지 않게 수액세트와 연결하기
   - 환자의 크기와 상태에 맞게 IV 카테터를 준비하기(게이지가 작을수록 바늘의 내경이 커진다.)
   - IV 카테터 장착을 위해 수의사를 도와 보정하기
   - 인퓨전 펌프와 시린지펌 프를 연결하여 수액을 세팅하기
   - 펌프가 없을 경우, 수액세트의 유량조절기로 수액속도를 조절하기
   - 수혈이 필요한 경우, 환자와 투여할 혈액의 혈액형을 검사하기
4. 초음파 검사를 위해 복부의 삭모를 하고 복부를 소독하기
   - 환자를 등쪽으로 눕히기
5. 초음파 방광천자를 준비하기(5-10cc 실린지, 뇨스틱, 뇨비중계)
   - 채취된 소변을 뇨스틱에 도포하여 비정상적인 소변을 기록하기
   - 채취된 소변을 뇨비중기에 한방을 도포하고 뇨비중을 기록하기
6. 혈압계의 커프의 사이즈를 결정하고 환자가 안정된 상태에서 혈압을 확인하고 기록하기
7. 소변의 생성양을 확인하기

실습 일지

실습 날짜	. . .

실습 내용	
토의 및 핵심 내용	

교육내용 정리

09

안과 응급동물 처치 보조

실습개요 및 목적

동물보건사는 잠재적인 안구 질환을 식별하고, 안과 질환의 예방 및 입원 또는 처치 중에 발생할 수 있는 각막질환에 대해 보호자에게 설명할 수 있어야 한다. 특히, 안구 통증을 평가하고, 눈물양 측정, 안압 측정, 검안경을 다룰 때 필요한 장비들의 세팅 및 환자의 보정에 대해 숙지하고 있어야 한다.

실습준비물

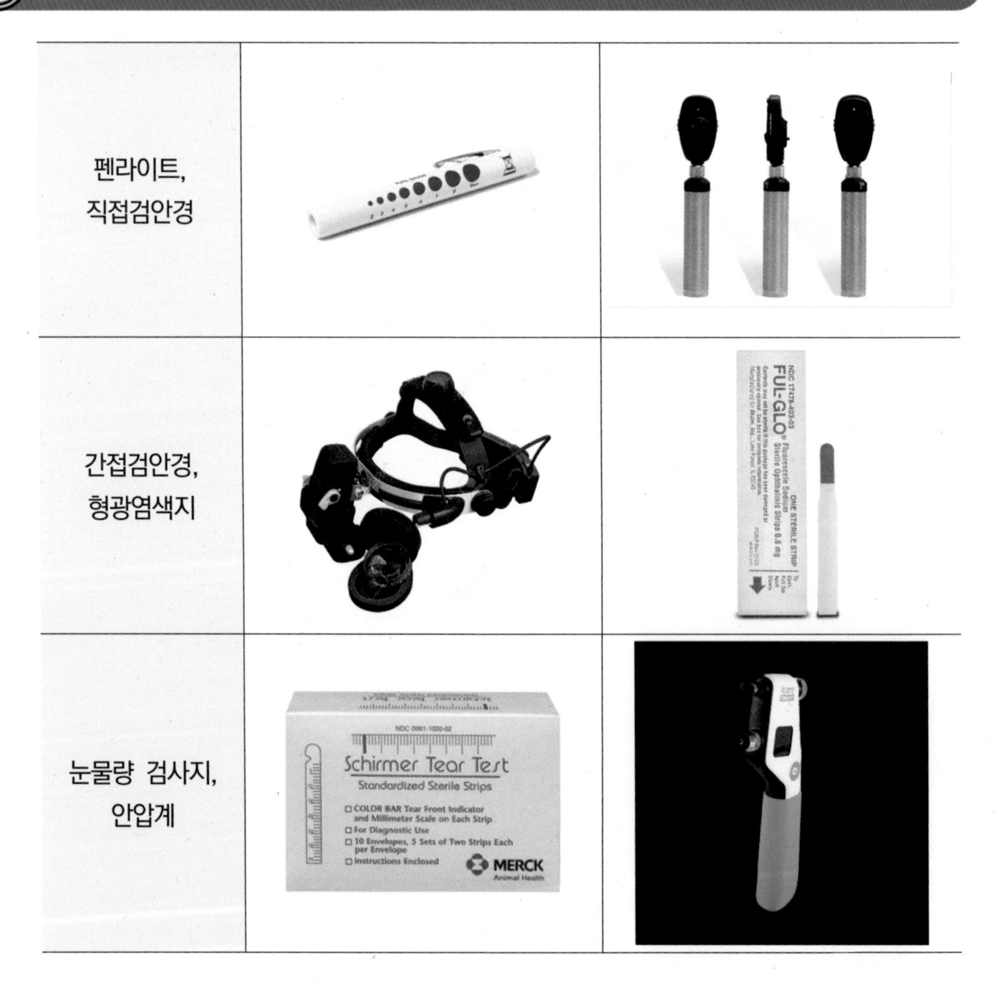

펜라이트, 직접검안경		
간접검안경, 형광염색지		
눈물량 검사지, 안압계		

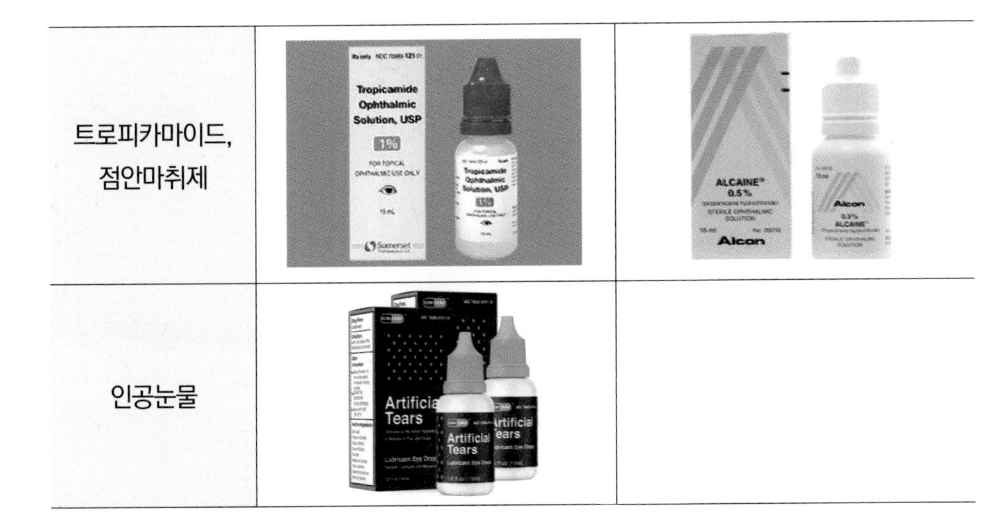

실습방법

1. 수의사의 검안을 위해 직접검안경, 간접검안경, 펜라이트를 환자가 안정될 수 있도록 보정하기
2. 수의사의 지시에 따라 눈물량 검사(Schirmer tear test; STT)를 준비하고 검사 결과를 기록하기
   - STT는 5×35mm의 표준 여과지 스트립을 사용하여 수행하기
   - 끝부분에 5mm의 홈이 있고, 밀리미터 단위로 표시되어 있음
   - 멸균되어 있고, 2장씩 포장되어 염색약이 묻어 있음
   - 봉투를 열기 전에 스트립을 결막낭에 쉽게 부착할 수 있도록 홈이 있는 부분을 봉투 채로 접어주기
   - 눈꺼풀과 결막낭에서 점액 분비를 부드럽게 제거하기. 단, 과도하게 눈을 자극하거나 세정액으로 제거하지 않기. 그런 다음 눈꺼풀을 아래로 당겨 구부러진 쪽을 외측 절반 부위에 위치시키기
   - STT 용지가 하안검에 위치하도록 위치하기. STT용지가 고정이 되지 않을 경우 눈을 감기기. 용지를 1분간 유지하고 즉시 평가하기. 즉시 평가하지 않으면 흡수된 눈물에 의해서 오차가 발생.
3. 수의사의 지시에 따라 환자의 눈주위를 압박하지 않는 보정 자세로 안압측정을 보조하기
4. 수의사의 지시에 따라 각막형광염색지와 안구세정제를 준비하기
   - 색깔이 있는 부분에 식염수를 도포하기
   - 상안검을 당겨서 안구쪽 결막에 붙였다 떼기
   - 각막에 직접 닿는 것은 피하기
   - 각막 표면과 결막낭의 염색약을 식염수로 세척해주기. 점액, 털, 잔여물에 염색되어 위양성 발생 가능
5. 수의사의 지시에 따라 안저검사를 보정하기
   - 암실에서 동공의 확장 없이 검사할 수 있음
   - 동공이 너무 축소되어 적절한 검사를 할 수 없는 경우 1% 트로피카미드 한 방

울로 동공을 확장시킬 수 있음

- 검사는 환자로부터 대략 팔 길이만큼 떨어져 있어야 함

6. 수의사의 지시에 따라 수정체, 망막, 초자체의 초음파 검사를 보조하기

실습 일지

실습 날짜	. . .

실습 내용	
토의 및 핵심 내용	

교육내용 정리

10

사지마비 응급동물 처치 보조

실습개요 및 목적

급성 척수 손상에 의해 사지마비증상이 발생되었다면 외상이 발생했는지 면밀하게 확인이 필요하다. 척추에 손상이 의심되면 환자의 절대적인 안정이 중요하고, 그 후에 수의사를 도와 신경학적 국소화 검사를 진행하게 된다. 추가적인 감별 진단을 위해 방사선 촬영이나, CT 및 MRI 촬영이 필요할 수 있기 때문에 환자를 이동할 때는 들것에 고정하여 보정해야 한다.

실습준비물

IV카테터, 수액세트		
수액연장선, 루어락 캡		
주사기, 종이테이프		

솜붕대, 들것		

실습방법

1. 환자의 정신상태, 자세, 걸음걸이, 피부, 근육, 골격 상태를 확인하고 수의사에게 보고하기
2. 수의사의 자세반응 검사(고유체위자세 반응, 수레바퀴 반응, 편도보 & 편기립, 도약 반응, 신전자세돌진 반응, 위치 반응)를 보조하기
3. 수의사의 통증반응 검사(회음부 통증 반응, 표재 통증 반응, 심부 통증 반응)를 보조하기
4. 신경계검사가 끝나면 추가 검사를 위해 혈액검사와 수액세트를 준비하기
5. 수의사의 지시에 따라 필요한 약물을 준비하기
6. 추가 검사를 위해 마취된 환자를 들것으로 이동하여 MRI 또는 CT를 촬영하기

실습 일지

실습 날짜	. . .

실습 내용	
토의 및 핵심 내용	

교육내용 정리

11

교통사고 응급동물 처치 보조

실습개요 및 목적

교통 사고 환자는 대부분 두부나 흉부 외상과 같은 다발 손상을 입는다. 모든 형태의 교통사고 외상 환자는 즉각적이고 집중적인 간호가 필요하며 다양한 장기에 영향을 받을 수 있고 종종 수술이 필요할 수도 있다. 동물보건사는 수의사에 지시에 따라 응급처치를 수행할 수 있고 호흡이 억제된 환자에 원활한 환기를 위해서 다양한 산소 공급 방법을 숙지해야 한다.

실습준비물

IV카테터, 수액세트	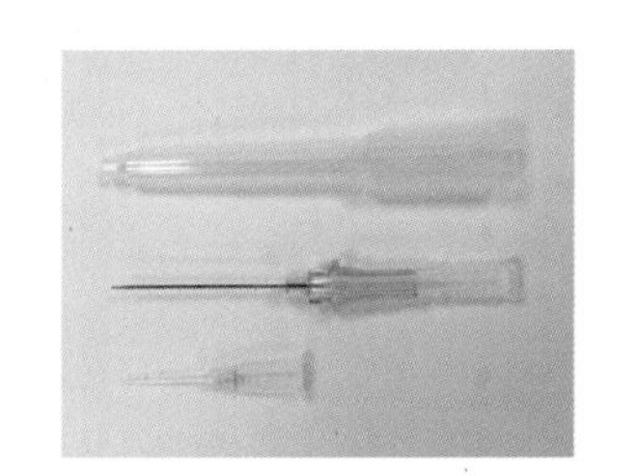	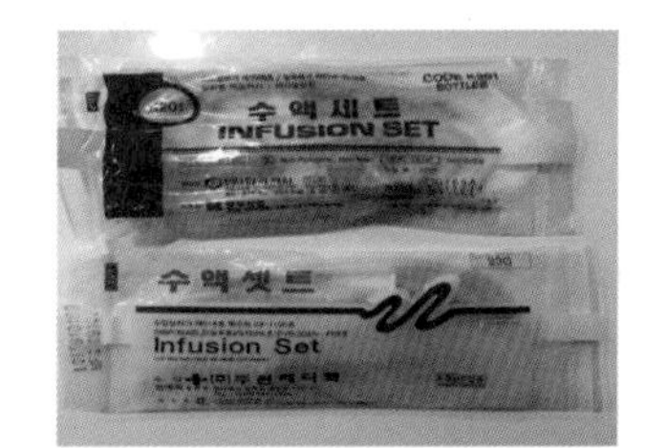
수액연장선, 루어락 캡	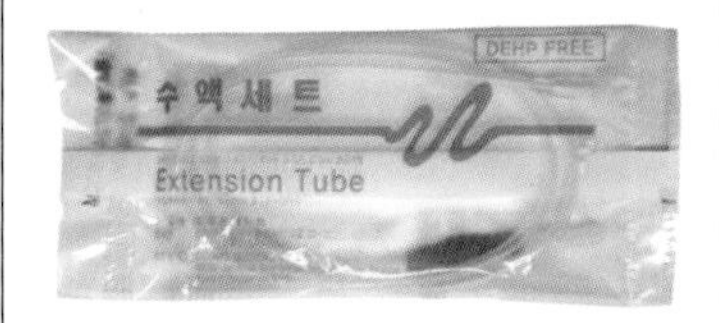	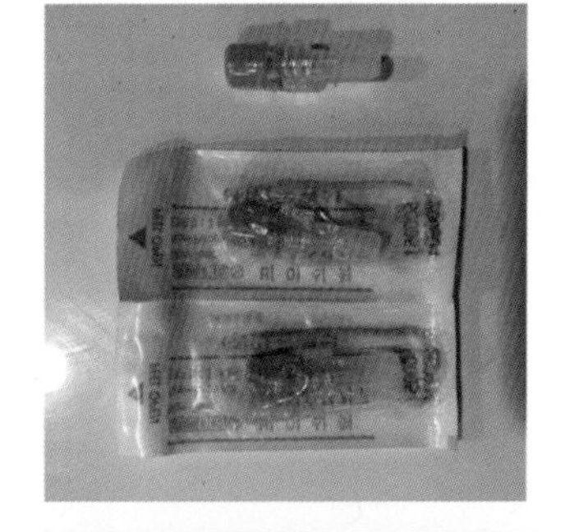
주사기, 종이테이프	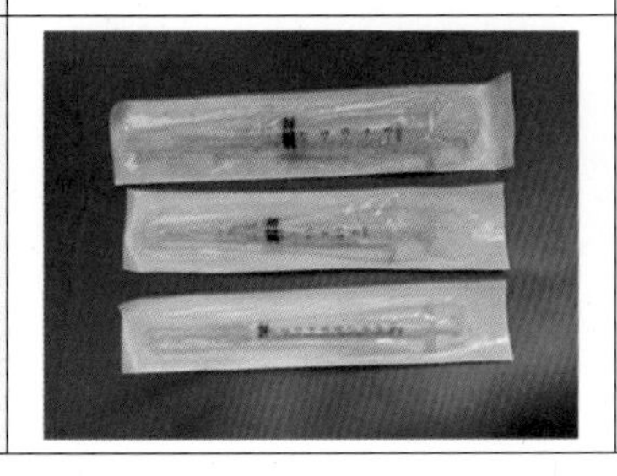	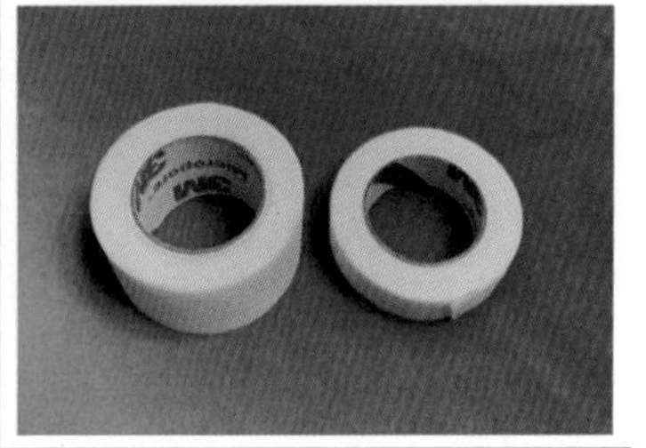

들것, 심전도(ECG)기, 카프노그래프, 산소포화도 측정기를 포함한 모니터링 장비		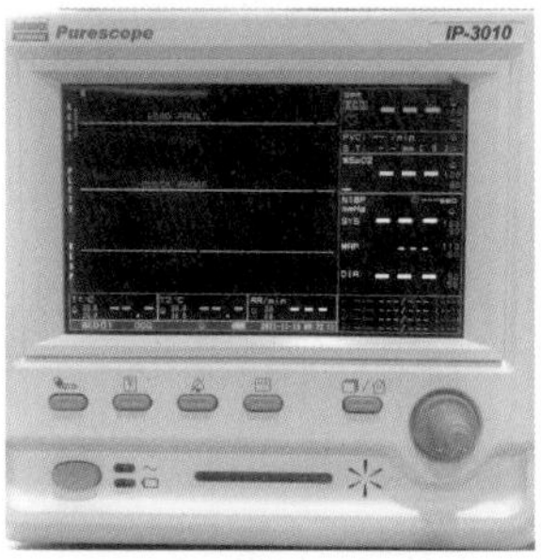
방사선 영상장치, 납 가운	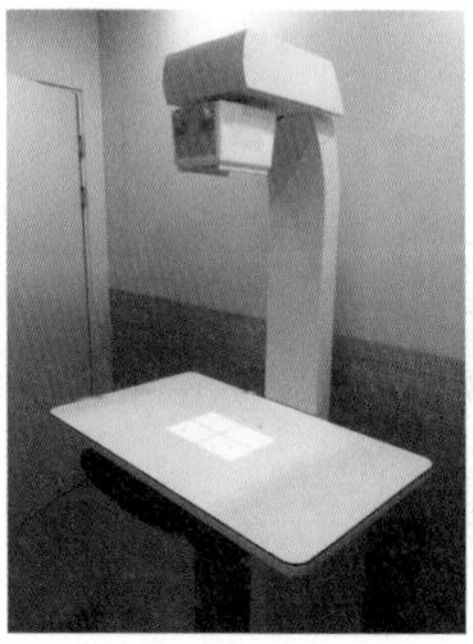	
갑상선 보호대, 납 보호안경		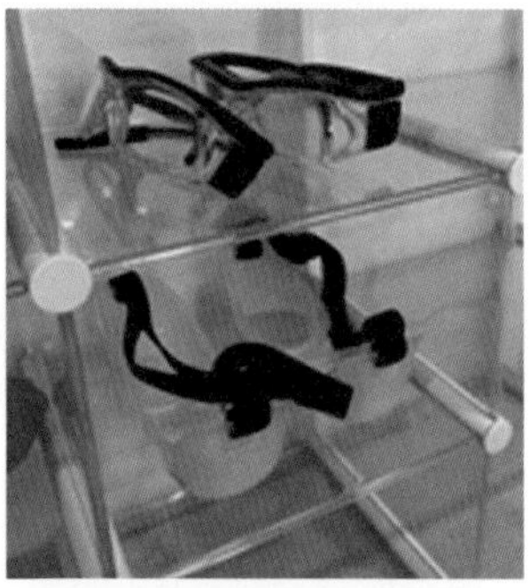
혈구분석기, 혈청검사기	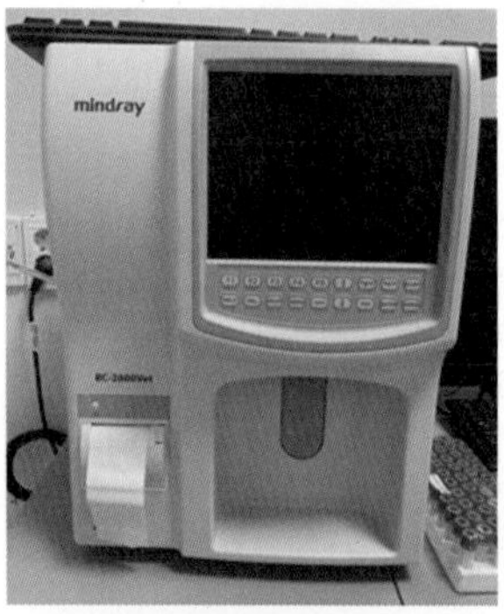	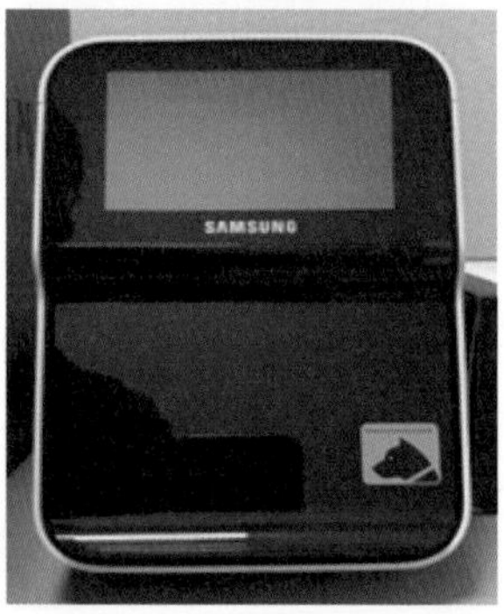
초음파 영상장치, 채혈튜브	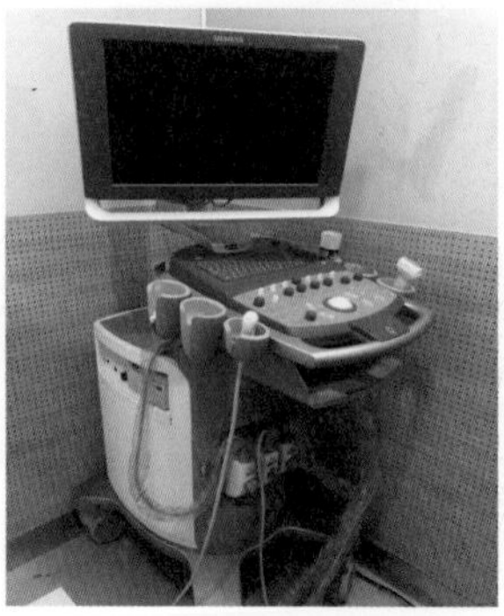	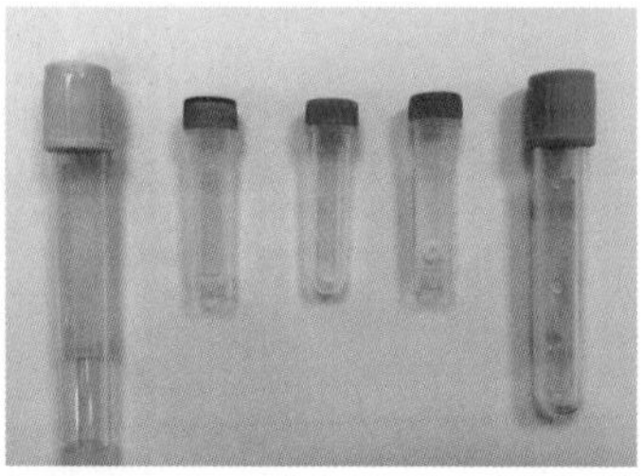

수액세트, 수액	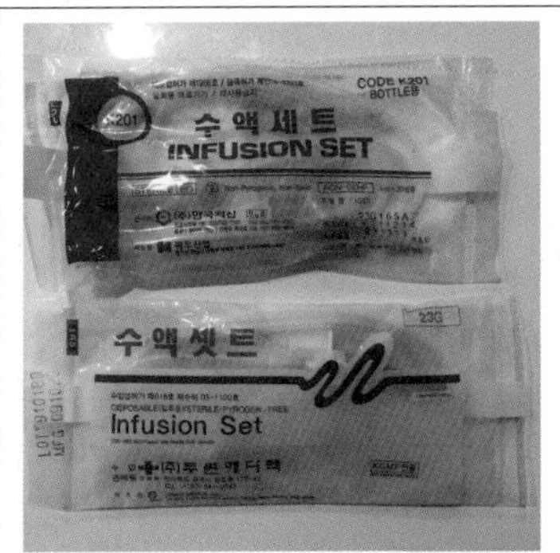	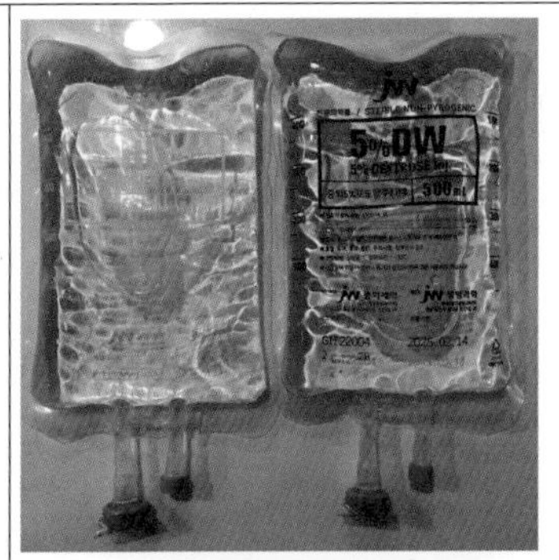
도플러 혈압계, 인퓨전펌프	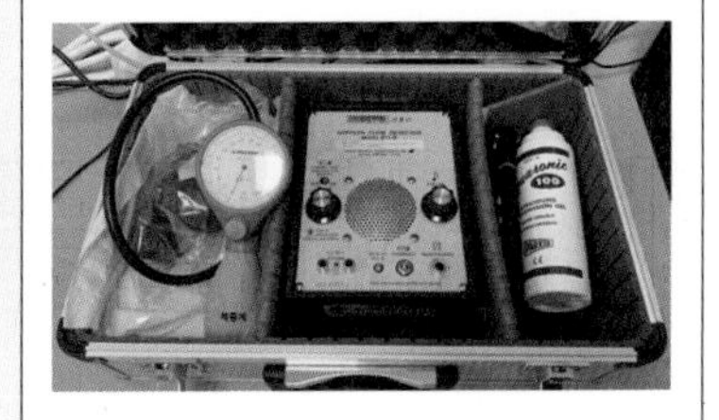	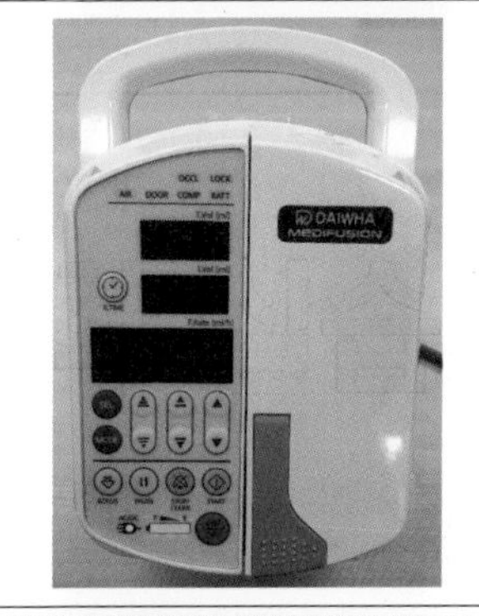
압박붕대, 산소통 및 산소유량계	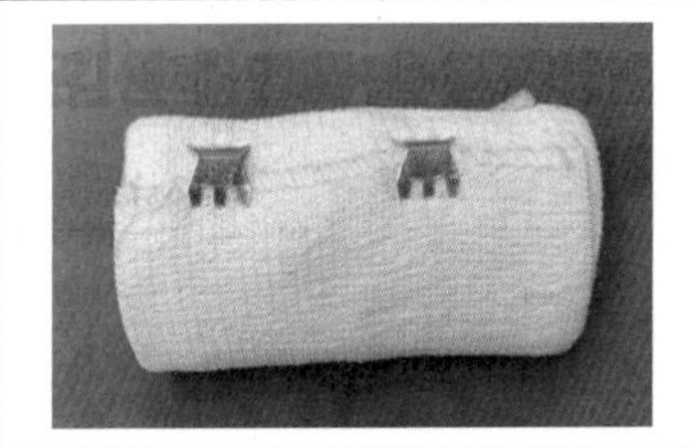	

실습방법

1. 환자의 정신상태, 자세, 걸음걸이, 피부, 근육, 골격 상태를 확인하고 수의사에게 보고하기
2. 환자의 외상을 확인하고 수의사에게 보고하기
3. 수의사에 지시에 따라 산소마스크 또는 산소 입원장에 환자를 옮기기
4. 환자가 안정이 되면 외상 확인을 위한 방사선 촬영 보조하기
5. 추가 검사를 위해 혈액검사와 수액세트를 준비하기

실습 일지

실습 날짜	. . .

실습 내용	
토의 및 핵심 내용	

교육내용 정리

12

화상 응급동물 처치 보조

실습개요 및 목적

화상 환자는 피부에 광범위한 병변이 있는 외상 환자로 피하 및 근육층에 손상 정도에 따라 다양한 대사성 합병증을 유발한다. 더불어, 외피에 심각한 기계적 손상을 나타내기도 한다. 정도에 따라 호흡기계, 심혈관계, 전해질, 대사, 면역기계 손상으로 합병증을 유발하는 경우가 있다. 동물보건사는 손상 정도를 평가할 수 있어야 하고 환자의 나이, 건강 상태, 환부의 범위, 화상의 깊이를 구분할 수 있어야 한다. 수의사의 지시에 따라 혈액화학적 검사, 전해질 검사, 각종 생체치수 측정을 수행할 수 있어야 하고 환자의 통증 정도를 파악하여 보고할 수 있어야 한다.

실습준비물

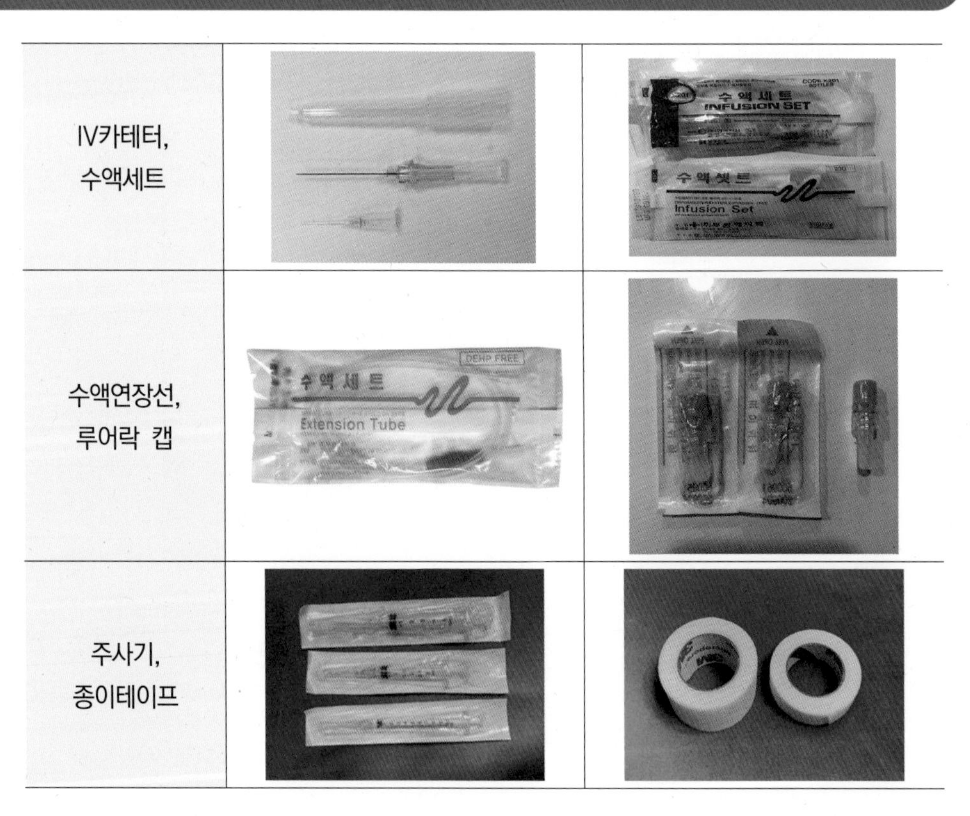

심전도(ECG)기, 카프노그래프, 산소포화도 측정기를 포함한 모니터링 장비, 혈구분석기	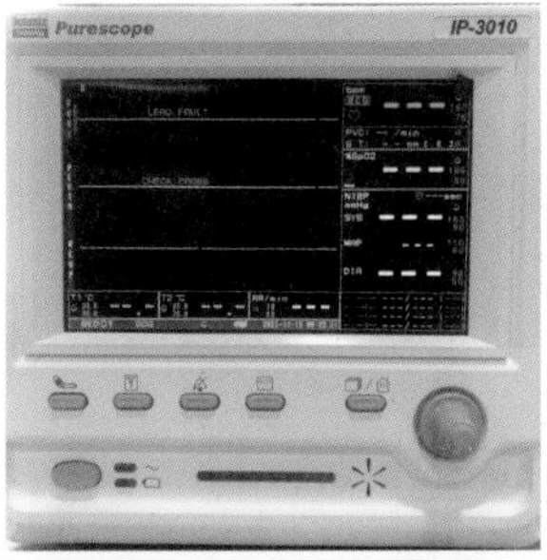	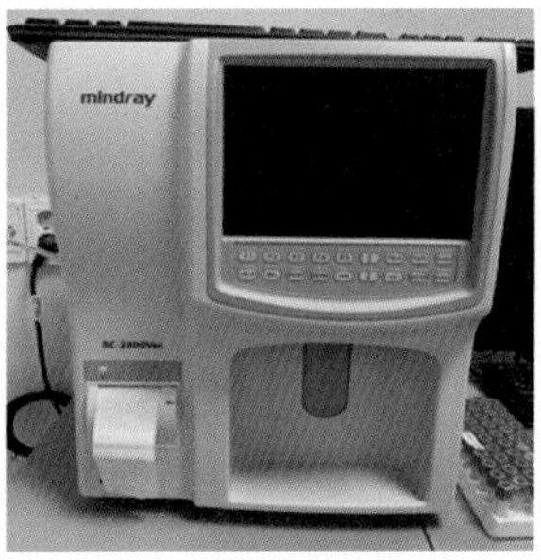
혈청검사기, 채혈튜브	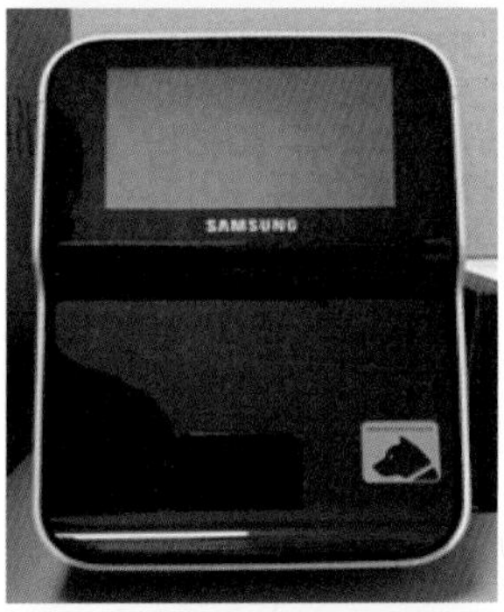	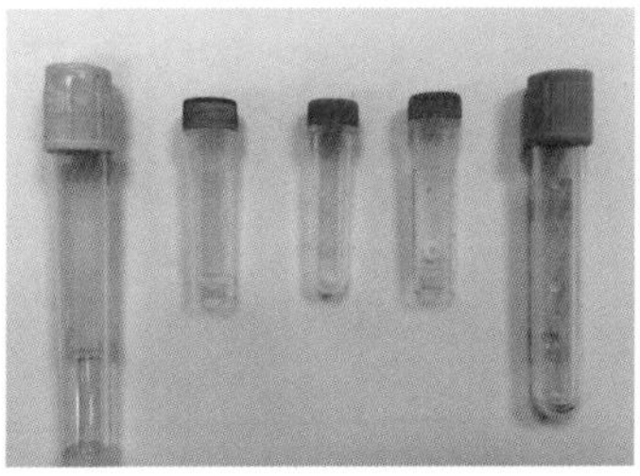
수액세트, 수액	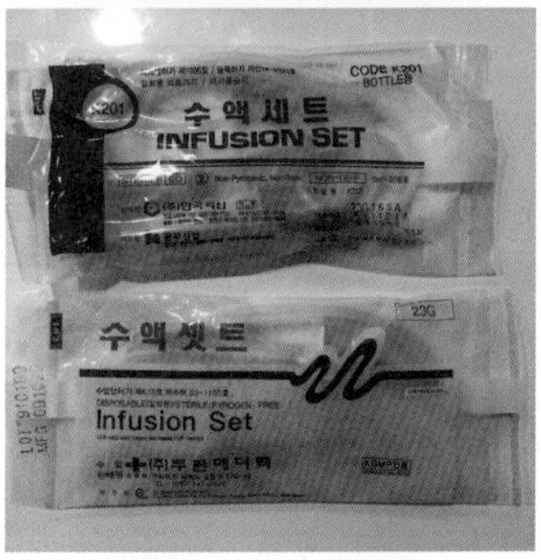	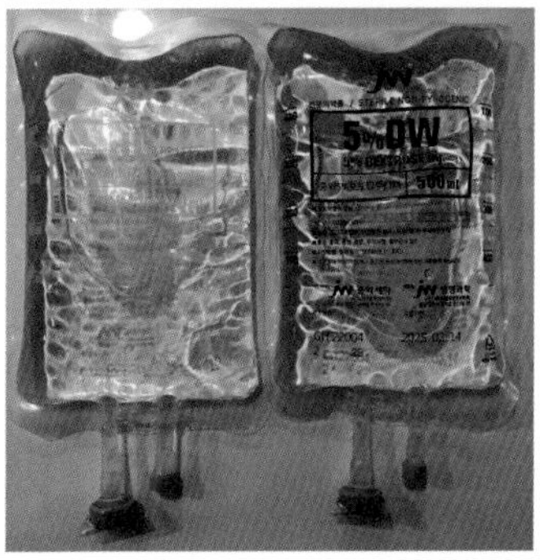
항균연고, 멸균거즈	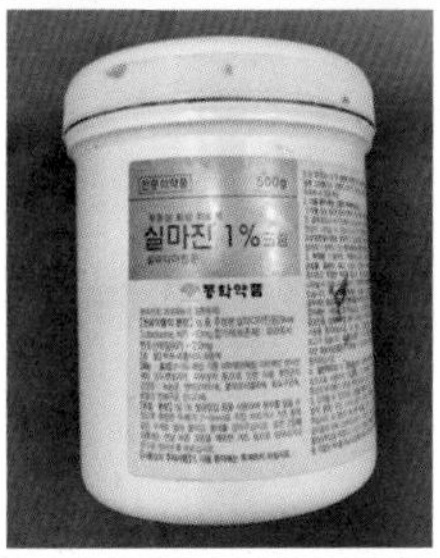	
솜붕대, 압박붕대		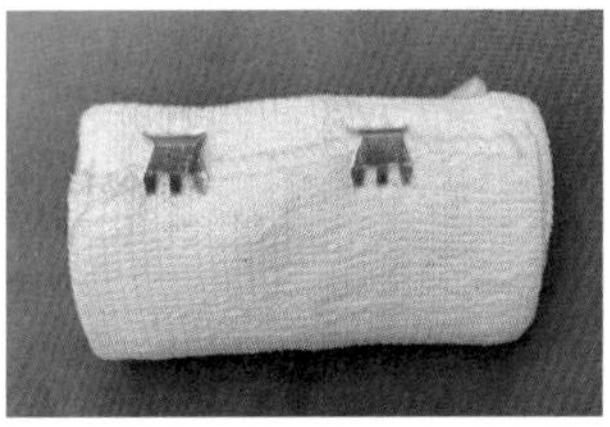
코반	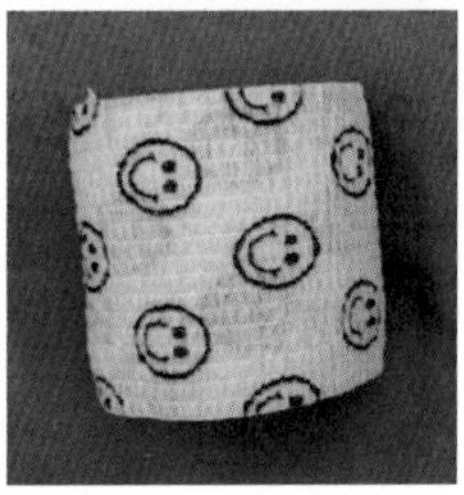	

실습방법

1. 환자의 전신상태를 확인하고 수의사에게 보고하기
2. 환자의 화상 정도/통증 정도를 파악하고 수의사에게 보고하기
3. 수의사의 지시에 따라 채혈 준비를 하고 위해 혈액검사와 수액세트를 준비
4. 수의사를 도와 화상 드레싱을 실시
5. 수의사의 지시에 따라 수액처치 보조 및 항생제, 소염제, 진통제를 투여보조

실습 일지

실습 날짜	. . .

실습 내용	
토의 및 핵심 내용	

교육내용 정리

13

탈장 응급동물 처치 보조

실습개요 및 목적

질탈은 분만 이후에 발생하고, 직장탈은 장내 기생충이나 배변을 막는 원인이 있을 때 발생하게 된다. 일반적으로 꼬리 쪽에 빨간색 또는 분홍색 관형태의 구조물을 확인할 수 있고 돌출되어 있었던 기간이 길어질수록 딱딱하거나 삼출물이 나와 어두운색으로 변하기도 한다. 동물보건사는 보호자를 통해 돌출된 장기가 생식기인지, 소화기인지 구분할 수 있어야 하며, 노출된 장기의 오염, 외상, 괴사 범위를 기록할 수 있어야 한다. 수의사의 돌출 장기의 국소 드레싱, 부종 완화, 수복을 도울 수 있어야 한다.

실습준비물

IV카테터, 수액세트		
수액연장선, 루어락 캡		
주사기, 종이테이프		

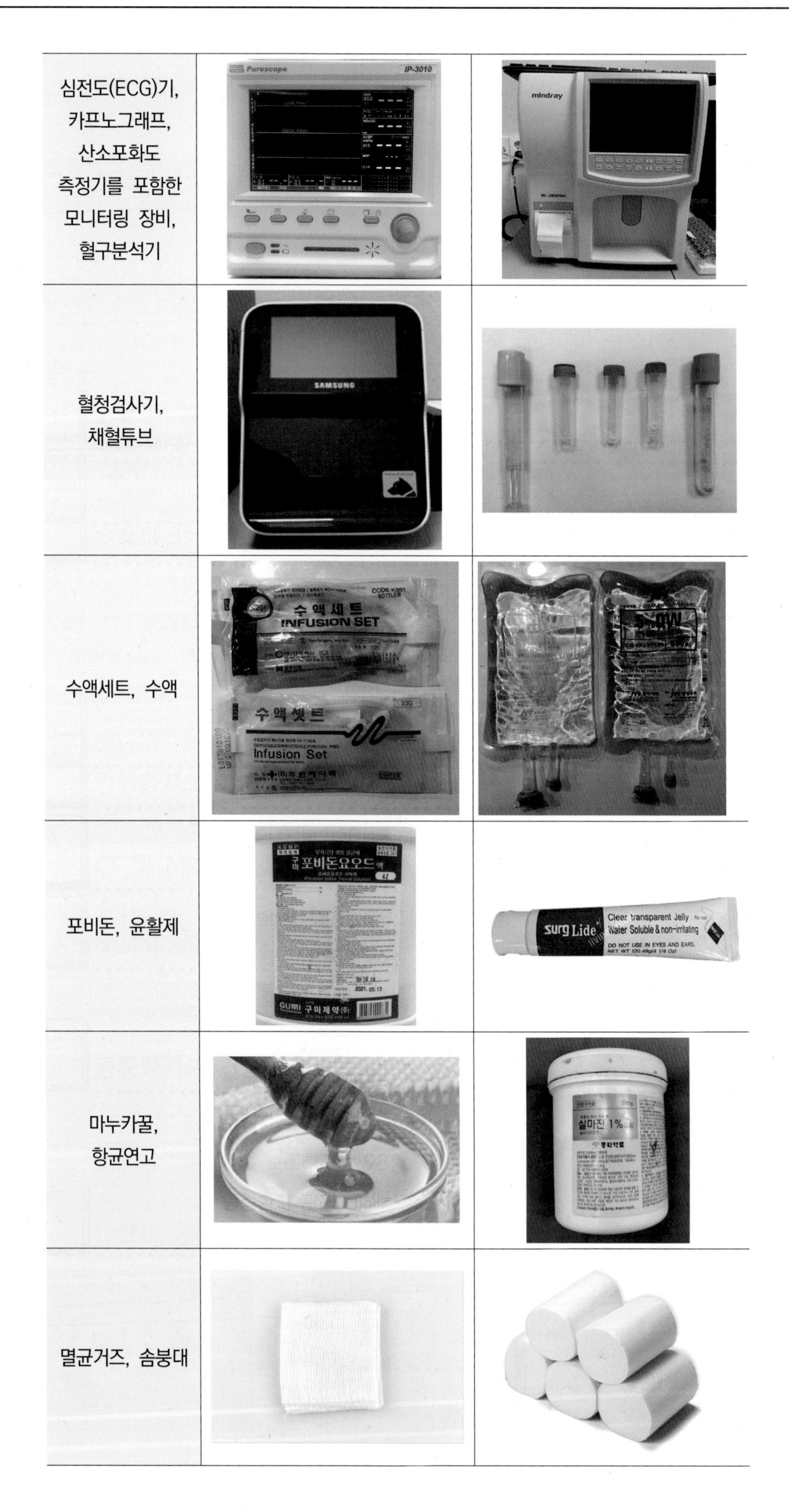

심전도(ECG)기, 카프노그래프, 산소포화도 측정기를 포함한 모니터링 장비, 혈구분석기		
혈청검사기, 채혈튜브		
수액세트, 수액		
포비돈, 윤활제		
마누카꿀, 항균연고		
멸균거즈, 솜붕대		

압박붕대, 코반	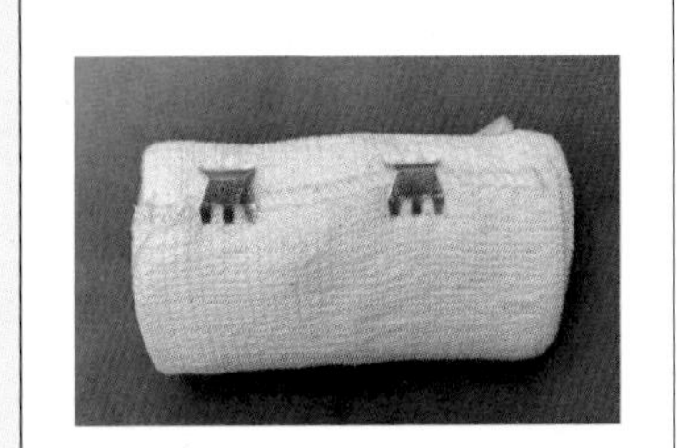	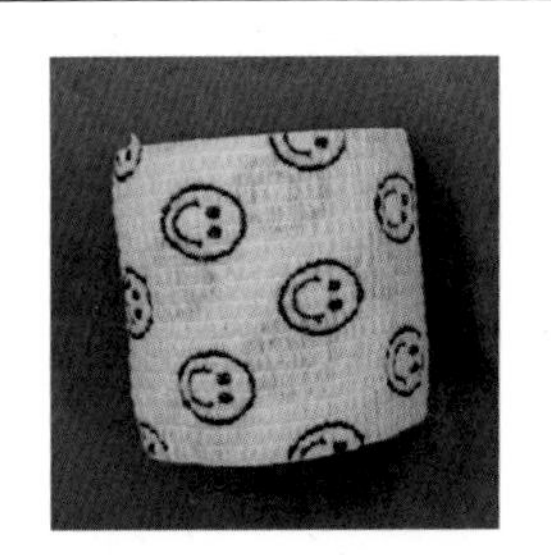

실습방법

1. 환자의 전신상태를 확인하고 수의사에게 보고하기
2. 환자의 기왕력(설사, 구토 또는 최근 발정 유무)을 파악하고 수의사에게 보고하기
3. 환자의 탈장 정도 및 통증 정도를 파악하고 수의사에게 보고하기
4. 수의사의 지시에 따라 채혈 준비를 하고 혈액검사와 수액세트를 준비하기
5. 수의사를 도와 탈장 드레싱 하기
6. 수의사가 드레싱된 장기의 정복을 시도할 때 보조하기
7. 수의사가 설탕 처치(sugar therapy)를 시도할 경우 보조하기
8. 수의사의 지시에 따라 수액처치를 준비하고, 항생제, 소염제, 진통제를 투여보조하기

실습 일지

실습 날짜	. . .

실습 내용	
토의 및 핵심 내용	

교육내용 정리

저자

이종복
부천대학교 반려동물과

정연우
중부대학교 동물보건과

감수자

김혜진_신구대
손부용_장안대
조현명_동원대

동물보건 실습지침서
동물보건응급간호학 실습

초판발행 2023년 3월 30일

지은이 이종복 · 정연우
펴낸이 노 현

편 집 배근하
기획/마케팅 김한유
표지디자인 이소연
제 작 고철민 · 조영환

펴낸곳 ㈜ 피와이메이트
서울특별시 금천구 가산디지털2로 53, 210호(가산동, 한라시그마밸리)
등록 2014. 2. 12. 제2018-000080호
전 화 02)733-6771
f a x 02)736-4818
e-mail pys@pybook.co.kr
homepage www.pybook.co.kr
ISBN 979-11-6519-399-7 94520
979-11-6519-395-9(세트)

정 가 20,000원